别在
成长的年纪
选择平庸

七天路过——著

北京时代华文书局

图书在版编目（CIP）数据

别在成长的年纪选择平庸 / 七天路过著 . -- 北京：北京时代华文书局，2020.1

ISBN 978-7-5699-3386-4

Ⅰ．①别… Ⅱ．①七… Ⅲ．①成功心理－青年读物 Ⅳ．① B848.4-49

中国版本图书馆 CIP数据核字（201 9 ）第 285087号

别在成长的年纪选择平庸

BIE ZAI CHENGZHANG DE NIANJI XUANZE PINGYONG

著　　者 | 七天路过

出 版 人 | 陈　涛
责任编辑 | 张彦翔　周连杰
装帧设计 | 仙　境
责任印制 | 刘　银
出版发行 | 北京时代华文书局 http://www.bjsdsj.com.cn
北京市东城区安定门外大街 136 号皇城国际大厦 A 座 8 楼
邮编：100011　电话：010-64267955　64267677
印　　刷 | 三河市兴国印务有限公司　0316-7151807
（如发现印装质量问题，请与印刷厂联系调换）
开　　本 | 880mm × 1230mm　1/32　印　　张 | 8.5　字　　数 | 166千字
版　　次 | 2020年 4月第 1版　印　　次 | 2020年 4月第 1次印刷
书　　号 | ISBN 978-7-5699-3386-4
定　　价 | 45.00元

序

其实我没有面见过七天，我只记得她在一家公司做编辑，之前给我做过一次电话专访，当时我们交流得很愉快，但后来的交集不多。直到最近的某一天，在我的第八本书《精力管理手册》的营销群里，有人私信对我说："萌姐，这里有一位之前给您做过专访的媒体人七天，她最近出了一本新书，看能不能帮忙写个序言？"随即我点开了她的新书《别在成长的年纪选择平庸》，只翻看了几眼我就通过她的文字感觉到了共鸣，于是当即答应帮她写序言。

最近，我的第九本新书《从受欢迎到被需要：高情商决定你的社交价值》上市了，很多粉丝经常在微博上私信我，都惊叹于我强大的自我管理能力。其实我一开始并不是这样的。二零一六年，也就是我三十岁那年，我被查出身体里有多个甲状腺结节，而且结节的增长速度快得吓人，从外部都可以摸到。那时我整个人都陷入了崩溃，特别想关掉公司。

每一个跌落谷底的时刻都是你迅速获取能量的时刻。当我躺在手术台上，准备做穿刺手术时，我开始思考一个关键的问题——我将以什么样的方式度过这一生？当我开始反思时，我相信自己一定会战胜病魔，而战胜病魔的关键是拥有好心情，于是我决意改变自己。通过持续的情绪管理训练，我慢慢地学会了与他人融洽地相处。我给自己安排了一百五十天的系统训练康复，包括饮食、休息、运动等。到最后，我把自己修炼成了一名精力管理的践行者，甲状腺疾病也神奇地康复了，于是我就有了一个新称谓——甲状腺疾病的战胜者。而这个称谓对我来说意义非凡。

如今我的身体状况远胜于二十多岁时的自己。现在的我经常连续工作十几个小时，每周进行四五次泰拳及其他健身训练，一年进行三百多场全国巡回演讲，每年阅读一百至三百本书。而且时至今日，我已经走访了四十四个国家，坚持早起二十年，连续八年每年出一本书，今年已经出版了第十本书籍……虽然我每天的工作强度很大，但是内心却觉得充实而幸福。

我没有贩卖成功学，即使生活一地鸡毛，我还是会继续前行。我们都在成长，即使现在不完美，也都在为成为更好的自己而努力着。我可以，相信你也可以。

我很喜欢《别在成长的年纪选择平庸》这本书的原因是，书中的故事都是七天自己的或者和她相关的。我觉得她很有灵性，看事情很通透，在某种维度上我觉得我们很像，比如说我们都自律，都充满了正能量，我们都认为选择和格局很重要，都坚信坚持的力量。

我对书中的一句话印象很深：“让努力成为一种习惯，而不是坚持。这才是你真正通往精进之路的方式。”我也曾经说过，我们应该保持一种“仪式习惯”，别人看着很费劲的事，其实对你来说很简单。就像小时候，我们往往会很抗拒刷牙这件事，但其实是因为“仪式习惯”还没养成。当习惯一旦养成，你就可以轻松地坚持下来。把努力和优秀当成习惯，你也可以轻松地完成自我精进。

愿看完这本书的你能有所收获，也祝愿每一位正奋斗在路上追逐梦想的人，永远保持热血，保持精力，一路成长，遇到更好的自己！

张萌

二零一九年八月

目　录

致成长

最快的成长就是慢慢来 / 003

一个人的成长，是从与迷茫和解开始的 / 008

像董明珠一样尽兴地活 / 015

二十六岁之前我理解的三十件事 / 021

如果回到二十岁，我一定要学会的五件事 / 026

如何像张爱玲一样优雅过一生？/ 030

致选择

我为什么鼓励你选择大城市？ / 041
那些实现了梦想的年轻人，都做了哪些关键选择？ / 048
如何比自己先天条件好的人混得更出色？ / 054
强大还是被爱，你选择哪个？ / 062
百分之九十的大学生都对这个问题焦虑过：工作还是考研？ / 070

致精进

不要让你的二十多岁被累累累累填满 / 079
别用跳槽升级你的职场 / 085
别让你的焦虑逼死自己 / 092
当你一无所有时，还可以做什么？ / 099
没有谁的工作是不委屈的 / 106

致努力

最有效的努力，是忽略努力 / 115

你二十岁偷的懒，是你三十岁掉的坑 / 121

二十五岁前，请逼自己成为这样的人 / 128

最怕你什么都没做，却想要撒娇求抱抱 / 133

为什么现在好多年轻人都这么丧？ / 139

致情绪

失去自我有多可怕？ / 149

你不是“作”，你只是还没有“被看见” / 155

别人在体验人生，而你越活越㞞 / 162

百分之九十的人都在沟通时“伤害”了你 / 169

我从蔡康永身上学到的五个道理 / 175

致爱情

当代人情感现状：恋爱前，一百分；恋爱后，零分 / 183

这个四十岁才结婚的女人教会了我什么？ / 188

如何对待那些追完就跑的人 / 193

《请回答 1988》中为什么是阿泽跟德善在一起了？ / 200

爱而不得的人，还要不要去追逐？ / 208

致女孩

像男人一样思考，像女人一样行动 / 215

那些还没结婚的高学历女孩儿们 / 222

如何优雅地过好"没钱"的生活 / 230

长得不好看，人生还有戏吗？ / 236

先把自己活优秀了再说别的 / 242

我们并不总是坚强，也并不一味地软弱 / 247

后记 / 255

致成长

最快的成长就是慢慢来

有时候，慢慢来，反而是最快的成长方式。

1.

你是不是曾经也有过这样的时期：因为担心比别人差，所以每天拼命给自己安排很多事做。

你是不是也有过这样的状态：因为不知道明天和意外哪个先来，所以每天都强迫自己忙得不可开交。

可是停下来去看的时候，却发现结果并没有变得更好，自己也没有变得比同龄人优秀更多。你不解、愤怒、抱怨："明明是想要更快地成长起来的，为什么加快了速度也没有得到更好的效果？"

能力的提升赶不上欲望的膨胀，用一句常说的话就是，野心会越养越大，可是才华需要稳扎稳打。

有时候，慢慢来，反而是最快的成长方式。

公众号后台收到了一个学妹的私信，她迷茫又焦虑地问我："为什么我比其他人都勤奋，但最终的成绩却没有他们好呢？"

我让她跟我说一下她都勤奋拼命在哪里了，她一一罗列了出来。

"我平时下课就去上补习班，学习 Adobe Photoshop（图像处理软件，简称 PS），学生会里的宣传工作也由我全权负责，周末我还报了补习班，晚上去图书馆上自习。"

我觉得既无奈又好笑，在我们的学生时代，似乎大多数人都觉得做得越多，收获就越多。可事实真的是这样吗？你能确保你用来努力的都是有效时间吗？

人在同一时间段内精力是有限的，每次任务与任务的切换都会有耐力的消耗。那么与其在多任务之间切换，不如专注地做好一件事，再去做下一件，减少无用的内耗。

况且如 PS 这种技能型的训练，不仅仅是跟着老师上课就能掌握核心要点的，更重要的是自己私下的反复练习。而她却用这段时间来安排学生会的宣传工作和自习。本来是想多考一些证多一些加分的机会，却因为想要得太多而顾此失彼，最后落得学业、技能两相误。

通常我们都想用战术上的"快"来掩盖自己战略上的"偷懒"，但这样便会造成"欲速则不达"的结果。

2.

我曾经跟一位学长聊过关于学业和业余生活如何分配的事情，我非常郑重地问他："如何安排时间才能让学业和生活达到双赢的效果？"

他严肃地回答我："在你精力有限的情况下，我建议你不要总是想怎样去得到双赢的人生局面，而是多考虑一下怎样做才不至于双输。"

我当时不理解他的话，总是把自己的计划填得满满的，恨不得一天早中晚都各安排一件气吞山河的大事情。

但我在实践的过程中发现，节奏越快，越容易偏离节奏。因为计划和实施是两码事，实践中的影响因素都是不可预期的，强行按照计划快步实行，积极性反而更容易被打消。

我尝试着放慢速度，在同一时间内只做一件最重要的事情。很快我就发现，因为目标明确，心无旁骛，反而更容易达到一种循序渐进的高效率节奏。

所以重要的不是做多少，而是能控制多少。

这里的"控制"不是指决定权，而是保障事情能有序进行的那些资源和能力。

这里面最核心的一点就是，认清自己的控制力界限，不做过分的事，也就是"知所先后，则近道矣"。唯有如此，才能驯服生活，找回生活的主动权。

假期跟好友一起去看了开心麻花新上映的电影《羞羞的铁拳》，这部电影俨然是国庆档的赢家，口碑票房双丰收。比起这部电影的“喜剧”标签和关于梦想的核心，我对故事本身的寓意更感兴趣。一个男人为了梦中的金腰带，要遭受多少诋毁，付出多大努力？

如果想感受人生的艰难，不如看一场打拳。

拳击这种近身对抗的运动很是抓人眼球，一再被搬上荧屏。格斗场就像一个小型的人生，信念、力气、意志力、耐力都在其中。

村上春树说过一句话：“老作家们就像守擂的人，一旦有年轻作家冲上擂台，也许会不屑，但总归要打一打。一打就十多年过去了，曾经的新人也变成了守擂的人。”

而对于更年轻的新人来说，不管他们对老人们有怎样的态度，都会在擂台上较量一番。

所谓十年磨一剑，这既是一场电影，也是整个青春期成长的缩影。而那些你所经历的黯淡，都是为了第二天看到的太阳更加灿烂。

3.

吴晓波曾经写过，商业社会其实有两种哲学，一种叫作求变，就是常说的找风口。随着商业模式、消费者习惯的迭代，以及技术的变革，人们要不断地追逐潮流，通过不断地求变来获得更大的利润。

另外一种哲学叫作不变，像巴菲特，一九九八年开始持有可口可乐的股票，一握就是几十年。手中握住一个东西，一握就是十年、二十年、三十年、四十年……在不变中，让时间来检验你的价值，慢慢产生利润。

在杰夫·贝佐斯的经营哲学中，最重要的一条叫作“将战略建立在不变的事物上”。

贝佐斯在一九九五年创办了亚马逊，至今已经二十多年了，目前公司估值三千五百多亿美金，全球第二，仅次于谷歌。面对这样的成绩大家都在问，贝佐斯究竟做对了什么事情？

殊不知贝佐斯曾经讲过一段话，他说：“我经常被问一个问题，在接下来的十年里会有什么样的变化？但我很少被问到，在接下来的十年里什么是不变的？我认为第二个问题比第一个问题更重要。因为你需要将你的战略建立在不变的事物上。”

他们不怕自己慢，不怕这个世界的改变把自己甩开。他们愿意在找寻自己真正认同的价值上面花时间，一旦找到，就当作信念，从此扎根下来，坚守下去。这就是战略上的勤奋——磨刀不误砍柴工，先确定战略，再进行战术上的努力。

天下的好事都需要慢慢磨，先立足于慢而不败，才能快。

最快的成长啊，就是慢慢来。

一个人的成长，是从与迷茫和解开始的

人，总是要在某一个维度去接受自己，要直面迷茫，也要对抗迷茫。

1.

二十六岁这一年，我从北京搬来了杭州。

去年一年我来杭州出差过四五次，经常加班到十点才回酒店，之后就瘫在床上不想动，过一会儿才挣扎着起来洗漱，最后看会儿手机就睡了，从来没有好好玩儿过，也没有去看看西湖。

感受生活是一回事，为了生活疲于奔命是另一回事。

我二十六岁的生活状态，常常是后者。

几年前我在互联网上看过一个动画短视频《我今年二十七八岁》，里面有一个年轻男子，叼着一支牙刷，诉说着自己平平无奇看不到未来的日常生活。

我今年二十七八岁，不再乱买东西，月底开始算计，还了信用卡，开销多少，还剩下多少，该开始攒钱买房子了；我今年二十七八岁，偶尔会有寂寞，偶尔会挂念一个人；我今年二十七八岁，开始追逐梦想，不会再轻易流泪，不会再为了一点挫折而放弃；

我今年二十七八岁，明明很想哭，却还在笑；明明很在乎，却装作无所谓；明明很想留下，却坚定地说要离开；明明很痛苦，却偏偏说自己很幸福；明明忘不掉，却说已经忘了；明明眼泪都快溢出了眼眶，却高昂着头……

当年这个视频在网上引起了很大的讨论，复旦大学校长评论说：“理想主义是彼岸的，但它能照亮此岸脚下的路。”

此岸与彼岸，这种距离就像是小马过河，只有亲自走过，才知道水有多深，自己有多无助。

我那时尚年少，对这种无力感毫无感触，甚至无来由地觉得矫情。

最重要的是，那时候的我离二十七八岁还很遥远，内心有梦，有大海，有朝来夕往，海风徐徐的未来。那时候的精神就像二十岁的肌肉和胶原蛋白一样，随便一捏就能感到元气满满。

想起我独自一个人去北京时，全身上下都充满了初生牛犊不怕虎的莽撞和热情。我一个人挤末班地铁；我一个人穿过五环外一个没有路灯的隧道时心怀恐惧又走得气壮山河；我一个人去医院做手术，解锁孤独的最高级。我没觉得难过，反而觉得自己勇敢到了不起。

那时候我并不害怕迷茫，也不担心孤独，因为我觉得那是我成长的一部分，而且感知到，那是我最有力量的部分。

这真是很奇妙的设定。在你不害怕孤独和迷茫的时候，你成长得最迅速。

眼中有光的人，也会身披光芒。

2.

昨晚，在没有暖气又有点潮湿的新房间里，我想到这些，忍不住落下泪来。

从孤勇到害怕，从执拗到犹疑，也不过短短的几年时间。虽说一直都在成长，但那种“成长加速”的步伐已经渐渐慢了下来。我感到自己正在不断地进入舒适区，又不断地想要跳出来。但没有了那种“饥饿感”，很容易沉溺在害怕改变和失去的恐慌感里。

如果换个城市，换一份工作，会不会还不如现在好？

有时候迷茫不是来自于无能，而是来自于比较。

晚上十点我打车回到小区，突然很想给自己做一个三明治早餐，于是我拐进旁边的便利店买了一兜鸡蛋。

“多少钱？”

“十四元。”不得不说杭州的物价也并不便宜。

到家后看到从北京快递过来的箱子到了，租处还没有剪刀，我就拿着厨房的小刀一点点割开胶带，里面整整齐齐排列着闺蜜萱萱给我装好的东西。我记起那天她一边给我收东西一边唠叨：“东西不要乱扔，你到了那边不要重新买了，把该带的都带上。”

这感觉就像你饥饿时打开行李箱看到你妈塞到里面的苹果，是救急，也是告慰。

我有很多感到生活无法理解的时刻，我的朋友也是，但好在我们交换迷茫时，也会获得一份来自朋友的力量。

还记得走之前，一起去糯言酒馆喝酒的好友问我：“你的工作是你未来要发展的方向吗？”

我其实很想说三个字：不知道。

按理来说在二十五岁的时候出版了自己的书，又很决断地搬来了新的城市，我大体对于自己的短期和长期是有一定规划的，但是我的规划也仅仅是一年内的想法：把今年的工作搞好。

所谓的搞好是指不敷衍，不要不懂装懂，不要浅尝辄止，要全力以赴，要像某个人说的一样：燃烧殆尽，也就是所谓的“All in”。

我很坦诚地跟她分享：“其实我最近也在想这个问题，我以后究竟要做什么？我也不知道因为想把现在的工作做好就换了城市，是不是正确的选择。说实话，我没有答案。我就是觉得这个工作还蛮好玩儿的，但是我不懂，所以我想再深一步学习，把它做好。”

至于未来我会不会一直做现在的工作，我一想到这个问题就会有很多情绪，而不是很多动作。但有时候情绪太多了，就会什么都做不好。

我现在还处于方法论不够坚固的阶段，所以做现在的工作或者做其他的工作都没关系，最重要的是，能够更高效地做事情。

我很珍惜朋友对我的这种发问。不仅仅是吃什么，玩儿什么，怎么挣钱，而是对你所谓的“浪漫理想”究竟在哪里的时刻监督，就像是海上的一盏灯塔，有时候是看不到的，但是当你知道它就在那里时，你就有继续航行的动力。

我知道我还有太多不确定的东西，还有太多事情要去探索，哪怕这条路走到最后发现是死胡同或者沼泽地，我也不会后悔。我还是会坦然承认自己当初迷茫的那个时刻，因为这是成长的必经之路。

3.

前几天我跟朋友兔子抱怨说：“我感觉最近我的记忆力在下降，而且体力也越来越差。”

我以为她会像别人一样安慰我说："哎呀，等这段时间过去就好了。"

没想到她却毫不留情地戳穿了我的"矫情"："大姐，你才二十六岁就敢说自己体力不好了吗？"

我对着手机屏幕脸红了，是那种"呀，自己的小心思就这样被看穿了"的羞愧感。

我跟兔子的不同之处在于，她似乎很少有迷茫的时刻，她的时间被一件件事情填满，而我每一天都有新的选择和困惑。

她是可以给很多读者和朋友解惑的人，用大部分的力气来完善自身。

作为二十六岁的年轻人，我还没有熟练的方法论和得心应手地应对各种突发状况的能力，对此，我常常是失落的。

这种失落里包含着对自己的失望，也有着想继续对未来发起挑战的决心。

我不是经常听霉霉的歌，但是前几天看到她发表了自己三十岁前明白的三十个道理，我还是认真地看了好几遍。

她是那种活得很清醒的女性，连她表述出来的文字中也暗藏着力量。

我印象最深的是她说的第七条道理，告诉大家不要害怕恐惧本身：

每一天我都在提醒我自己，去感受这个世界好的一面和爱，我对人性怀抱着希望。我们必须勇敢，才能真切地感受到活着，这也意味着，不能被恐惧束缚。

人总是要在某一个维度去接受自己，要直面迷茫，也要对抗迷茫。

在接纳自己的那一刻，改变就发生了，视而不见才是最可怕的。

二十六岁的我仍然相信，力量和信念是可以靠锻炼和自我暗示增强的。

我们很难做到不负此生，所以我打算先做到不负自己，最起码，不负二十六岁的自己。

像董明珠一样尽兴地活

这是一个不允许也不能说“我不行”的时代。

1.

如果用一个词评价董明珠的话，我第一个想到的是“命硬”。像她这样的女子，是很难被生活击垮的。生活在她面前变成了鸡蛋，她把自己修炼成了坚固的石头。

在很多二十多岁的年轻人喊“丧”和“累”的时候，年逾六十岁的董明珠在格力的董事大会上获得连任，未来三年，董明珠这三个字依旧是格力最有力量的代名词。

六十四岁的董明珠，在格力电器董事会换届盛典上以一句“我觉得我还很年轻，我的心像二十五岁一样”有力地回击了外界传闻的退休问题。

作为互联网上长盛不衰的话题女王，董小姐已经蜕变成了一个近乎全民娱乐性的人物，自带话题流量，能迅速抢占各大头条版面，气场不亚于一线明星。

三十岁之前的董明珠和普通女性一样，读书、工作、结婚、生子，也许未来的几十年都会如此。直到她的丈夫因病去世，留下一个两岁的儿子由她照顾，生活才发生了改变。

面对生活的压力，她做了一个艰难的选择：独自一人下珠海。

董明珠刚到格力时，厂子还叫海利，只是一家年产约两万台的国营空调厂，没有核心技术，只做空调组装。

董明珠不懂营销，却凭着坚毅和死缠烂打，四十天内追讨回前任业务员留下的四十二万元债款，令当时的总经理朱江洪刮目相看，而且她的这段经历，也成了营销界茶余饭后的经典励志故事。

董明珠用短短几年时间做出了整个格力集团八分之一的业绩。

二零零一年，四十七岁的董明珠担任格力电器总经理，她从一位普通员工做到“裙子 CEO”仅用了十一年时间。

网上有人这样评价董明珠，她像唐·吉诃德一样，在移动互联网时代为中国制造业摇旗呐喊，她的梦想是让世界爱上中国制造，她不允许自己失败。

2.

我想起了另一个娱乐圈里的前辈——惠英红，五十九岁，独身，曾患抑郁症，差点自杀，她的人生听起来像是一部“悲惨世界”。

可她硬是凭借自己顽强的生命力活成了别人口中的传奇，二零一七年更是凭实力包揽了香港金像奖和台湾金马奖两项影后。

在《我就是演员》的舞台上，她为年轻演员们呈现出了教科书一般的演技。节目中，惠英红和刘欢共同出演《儿子的歌声》，她饰演被家暴的母亲。

在被“审讯”的五六分钟里，惠英红的每一个眼神、每一条青筋都是戏。

她今日的功成名就，全凭自己一步一个脚印走出来。仿佛胸口上刻着一个“勇”字，誓死也要跟“命”抗争。

有时候我会想，这是一个什么样的时代？

这是一个不允许也不能说“我不行”的时代。

人工智能时代即将到来，有无数人力劳动会被智能设备所代替，我们面临的，就是终身成长和终身学习。

当三十六岁的高速收费员面临解雇时说“我什么都不会，辞职了还能做什么”时，我们就应该意识到，不管是男性还是女性，我们的生存竞争会更加激烈。

职场中有很多女孩子有一种“优秀恐惧症”，她们害怕自己表现得过于优秀而给自己的另一半造成负担，甚至把自己从职场中抽离出来，成为丈夫的贤内助。

在热播美剧《了不起的麦瑟尔》中，主角米琪不仅美丽迷人，还优雅风趣，有着强大的精神能量和创造力。然而她最大的心愿就是成为一个完美的家庭主妇。

反而是她的老公乔尔在家族企业中时常找不到存在感，他的出轨也并非因为他不爱米琪，仅仅是因为他害怕米琪的优秀衬托出他的无能。

米琪知道乔尔出轨后，决意从家庭主妇的角色中走出来，她走到了脱口秀的舞台上，凭借自己的天赋和努力在台上侃侃而谈。

其实每个女孩儿都有属于她的舞台，可大多数人总是会被困在社会所限定的角色里。

麦瑟尔在没有找到她自己，没有摆脱“优秀恐惧症”之前，是依托于丈夫的麦瑟尔夫人，可是开始了自我生活后，她成了由内而外散发着生命活力和无限创造力的米琪。

3.

我还想起了《乱世佳人》里的斯嘉丽，她漂亮任性，一心想要跟青梅竹马的艾希礼结婚，可是在南北战争中，她从一个娇滴滴的大小姐变成了被战争洗涤过的女强人。为了帮助自己的家园，她摘了窗帘做成新衣服去找白瑞德掏钱。在看到自己的家园被毁后，她抓起一把泥土告诉自己："我以后再也不要挨饿了。"

斯嘉丽的成长是迅速的，她迅速从打击中站起来，迅速适应新环境下的生存规则……这也是我最佩服她的一点。

白瑞德在开篇就说过一句高瞻远瞩的话："我认为他（艾希礼）连你的一半都配不上。"

我当然知道在这个社会上做个天真无邪被别人照料一生的姑娘是个很不错的选择，相信斯嘉丽在少女时代也一定幻想过跟一位门当户对的贵公子岁月静好，白头偕老。

可是难就难在"一生"是一个看似漫长却又不确定的时间段。斯嘉丽两次在战争中成为寡妇，没有丈夫庇护的她，在路途中差点被人强暴，在生意场上面对过博弈的艰难，但她有着很强的"抗风险能力"，这让她的生命力愈来愈旺盛，也让她活得越来越恣意。

这个社会有时候会塑造出一种温柔无助的女性形象，一个崇拜男性、等着被男性拯救的角色，她从不敢提出真实的要求，还将内心的欲望和才智深深地压抑在体内。

于是人人都开始期盼被王子所拯救。可是大家这么忙，就算是王子也都开始加班和秃头了。

琼瑶写过的小说里通常都是这样的女人，柔若无骨，让人动容，还有很多翩翩君子为她们奋不顾身。可是琼瑶本人是怎么活的呢？

在追求爱情时，她步步为营。在事业上她建立了自己的电视剧帝国，写的言情剧部部爆火，赚得盆满钵满，年逾七十还有新书面世。

你以为写言情剧的人真的会活得轻盈又简单吗？所谓的“大道至简”，是指当我们想得足够明白也足够强大时，才可以活得足够简单。

当你听到董小姐说“我从来不可能犯错”的时候，不妨也在心里对自己说一句：“要做，就做最好的。”

二十六岁之前我理解的三十件事

正视自己的一切欲望，然后按照优先顺序去实现，不跟时间较劲，也不跟岁月骄矜。

当我的人生进入二十六岁的时候，心里想到的是两个字：匆匆。

也许外表看起来还是二十来岁的样子，可是心里却明白这个时候不能再天真了，也不能祈求人生还有什么奇迹和幸运可言了，与其想太多，不如做好每一件事。

二十六岁是一个很尴尬的年纪，同龄人已经小有所成，或结婚或生娃。对于继续留在大城市的漂泊者来说，需要重新塑造自己对生活的耐心和信心，不把自己的热情浪费在侥幸心理上。

在二十六岁之前，我做过很多傻事，比如飞蛾扑火的爱情，比如三天打鱼两天晒网的健身，比如工作上无谓的抱怨。

二十六岁，我想人生的关键词是：实现。正视自己的一切欲望，然后按照优先顺序去实现，不跟时间较劲，也不跟岁月骄矜。坚定地，勇敢地，把相信自己、靠自己走下去，当作第一任务。

在这一年里，我也总结出了我理解的三十件事：

生活

1. 没有哪一种捷径可以代替你亲自去体验生活。听别人讲再多大道理，都不如自己的亲身感受。

2. 真诚的人吃一堑长一智，智慧的人看别人吃一堑，自己长一智。多看看周边发生了什么，有些教训不一定非要自己去受。

3. 去健身，去看书，去体验新的技能，永远对小一码的衣服保持好奇心和进取心。不存在瘦不下来的人，只存在不愿意坚持的人。

4. 减肥和美食的感知都是滞后的，其实当你感觉吃到八分饱的时候，已经差不多十分饱了，当你持续锻炼一个月还没有效果的时候，其实变化已经悄悄发生了。学会先停下筷子，也学会多去健身房。

5. 多数时候我们的无力感来源只有这些：不够坚持、不够及时、不够相信。换言之，一懒，二没耐心，三不自信。开始关注自己的小肚子和发际线，与油腻二字保持距离的最好办法，就是时刻让自己的身体保持良好状态。

6. 晚上八点之后就不要再吃饭了，但可以喝一点酒。成年人要学会把情绪兑在酒里一饮而尽，而不是随意包裹成焦虑贩卖给别人。明天又是新的一天。

7. 尝试每周认识一些新朋友，不用太多，一两个足矣，随时保持对他们所在行业的敏锐度，从他们的状态里反观自己，随时调整状态。

工作

8. 不要讨厌加班，不要讨厌领导朝令夕改，不要讨厌你所讨厌的一切，这些都是职场中精进的方向，而不是抱怨的理由。

9. 认真对待职场中的每次沟通，珍惜每个人的时间，也要懂得梳理每次沟通的盲点，及时解决。

10. 很多时候你会觉得自己的努力没有收获，不要失望，不要分心，继续努力下去。

11. 真诚会吃亏，但是套路会被看穿，与其在聪明人面前耍技巧，不如在聪明人面前多袒露真诚，学会吃该吃的亏。

12. 你可以在职场不站队，但是你不能不知道这里面的环环相扣。职场上的八卦可以不介入，但不可以不关注。

13. 不要满足于职场中的“我现在这样就很满意”，舒服是留给最容易在大环境下滑时先被淘汰的人的。

爱情

14. 不要总想着“这个人还不够喜欢我”，先想清楚自己在感情中的核心需求是什么，再想清楚对方的核心需求是什么。不仅他要配得上你，你也要看看相互的匹配度。被多少人喜欢不重要，被自己喜欢的那个人喜欢就够了。

15. 当那个说喜欢你的人默默从你的生活中消失了，不要失落。

不是你不够好，只是大家都是成年人了，做事情都会衡量性价比。要么就是你很难追，要么就是不值得追。但对你来说，最重要的不是这些人，而是追你的人的层次在降级还是升级，以判断你最近有没有好好对待自己。

16. 我们对于“喜欢”的阈值会越来越高，因为“你是你”，而喜欢你的人却越来越少，大家更加看重彼此的附加值，比如优于同龄人的美貌、身材、未来的增长空间等。

17. 想清楚吃回头草这件事要多膈应就有多膈应，要么不吃，要吃就得把所有的旧情吐出来，把感情储蓄值清零，来面对旧人。

18. 在作爱情决策的时候，不以占有对方为目标，要以自我进步为目标。

19. 在爱情中把自己当主角，而不是被打量、被挑选的配角，与其想着对方把你当恋人还是当备胎，不如多想想你要把他当什么，你自己如何定义你们的关系。

20. 学会把一些不适合的人清出局，不是谁都能随意进入你的感情世界里，还走来走去。

21. 影响亲密关系深入发展的因素有很多，坏情绪绝对是名列前茅的一个。情绪价值最容易在别人身上获得，也最容易被别人厌倦。

22. 能去爱的时候，一定要好好去爱，别计较、别怀疑、别退缩、别三心二意。在爱情中感觉好的时候非常好，在不好的时候总会让人想到一些不愉快的事情，尽管如此，好的时候还是会非常好的。

单身

23. 不是习惯单身，而是要给自己“创造单身”，在没有负担，不需要负债太多的时光里，尽可能地提升自己。

24. 你单身过得不好，不是因为单身不好，而是因为你自己太懒。懒得亲手建造自己的生活和关系。

25. 这一辈子会爱上你的人还有很多，不要过早地伤春悲秋，对爱情失望。随时保持会与爱情相遇的信念，有陌生人的场合，要用心对待，让自己闪亮起来。

26. 一个人住的时候，晚上要记得把手机电源拔掉，要记得关煤气，要记得关窗户。

27. 相信生活不会有什么奇迹的设定，相信自己是一个会爱上别人也会被别人惦记的普通人，知道爱人需先爱己。

28. 培养一项拿得出手的技能，或者深耕某些话题的谈资，吃、旅行、化妆，都是能够跟大家打开谈话的共性话题。

29. 找到一些你想要模仿的风格，比如 ins 红人、微博博主，从模仿中修炼自己的风格。属于你的风格会让人更快地记住你。

30. 不要相信“什么年龄该做什么事”这种话，只要你有心气儿，愿意花时间，认真揣摩自己想做的事，就会有百分之五十的概率把它做成。

如果回到二十岁，我一定要学会的五件事

原生家庭在很大程度上奠定了我们是谁。但态度和见识在很大程度上决定了我们可以成为谁。

前段时间我在书单里推荐了吴军博士的新书《态度》，这是他写给两个女儿的书信集，涵盖了人际沟通、职业选择、金钱观等蛮多方面的内容，基本上从十八岁到二十五岁这个青春关键的七年里的诸多疑问，都可以在里面获得回答。

作者在出版《态度》之前，还出过一本《见识》，如果我在二十岁的时候读到这两本书，我想我会比现在更成熟，也能少走一些弯路。

虽然我们喜欢说"人生的路，每一步都算数"，可是快速抵达自己想要的方向，也会更有成就感吧。

我总结了这五件事，希望能给二十来岁的你们一点启发。

1. 要懂得捡西瓜，不是捡芝麻，不要做太多消耗自己的事情。

比如，你花两个小时的时间在各个网站比价，最后节省下来十几块钱，浪费的是你的时间成本，深处隐藏的是你不够果断的决策力。

想要捡到西瓜，就要放弃一些简单易得的快乐，比如玩儿手机、逛淘宝。去坚持一些能够持久见效的快乐，比如健身或者学习新的技能。关键在于把一个东西做到极致，而不是把一件消磨时间的事情坚持做很久。

2. 要学会区分好人和对你好的人。

很多时候我们看到一个人绅士体面，如沐春风，就很愿意跟他成为朋友或恋人，为什么呢？因为觉得“他人好”。

但有没有一种可能，“他人好”是因为他跟你不熟呢？

不管你是交朋友还是谈恋爱，都不需要执着地去找一个大众意义上的精英或者优秀的人，可能最契合的不是“好人”，而是适合的且对你好的人。正如安全感来源于偏爱，而不是爱。

在感情中，“好男人”和“好的男人”是两回事。对你来讲，对你好而你又看得上的人才是最有意义的。很多人在你不熟悉的时候，出于礼貌，表现得都不错。但是只有进一步了解，才能知道他们是什么样的人。那些还不错的人和真正对你好的人是两回事，要找到后一种人，需要彼此有比较多的生活交集。

有时候我们常常会为一个优秀的人心动，但实际上优秀和爱情的关联没有那么大，不要把别人的优秀当作你爱情质量的参考，优秀是对大多数人而言的，只有喜欢你且对你认真才是对你自己有利的。不要急于去寻找优秀的人，要擦亮眼睛等待那个愿意用真诚与你交流的人。

3. 要学会有效沟通，重要的不是我说了什么，而是对方听到了什么。

与他人的有效沟通，重点不在于证明自己正确，而在于达到沟通的目的。

很多人认为自己讲得越多，对方接收的信息就越多，其实，如果你废话太多，对方根本搞不清你要说什么，沟通的效果为零。

概括来说，有效的沟通要以对方的确认为准，不要以为话说出去了，别人就一定接收了你传递的信息。沟通要简洁，切中要害。为了做到这一点，要对不同的人说不同的话。要以对方听得懂的话来沟通，切忌卖弄自己的知识，把简单的问题讲复杂了。善辩不等于好的沟通。沟通的目的是要对方接受自己的想法，而非把对方驳得哑口无言。

4. 在做到最好之前，先学会做到更好。

有的时候，最好是更好的敌人。张仪微在《细民盛宴》中说：“凡事但凡想着求全，就全是自毁。”

很多时候，一些人无所作为不是因为不想做事，而是一根筋地追求最好，最后什么也得不到。

虽然我们最终的目标是不断接近完美，但这个世界本来就不是完美的，认识到这一点，我们在生活和工作中就不会为了最后的一点点事情而永远无法把它们做完。随着我们在认知上的不断进步，会发现过去认为的完美其实并不完美。

二加二大于三的道理谁都懂，做事情不怕慢，就怕停。

5. 要学会适当独处，珍惜你的友情份额。

一个人交往的带宽有限，一个对所有人都一视同仁的人，是很难有至交的。

年轻的时候，我们都愿意追求更多的人际关系和所谓的人脉资源，以显示我们能够在这个世界里游刃有余。但其实最重要的，是把你的友情份额发挥最大限度的作用。

吴军博士说他一生中的交友原则有三个：

第一，凡事三思而行，不要想到什么就说什么。为人做事要持重，要多动脑筋，不要毛毛躁躁。第二，对人要和气，但不要过分狎昵。礼数有加，保持距离是朋友之间最好的交往方式。第三，相知有素的朋友，钢圈要箍在灵魂上，不要对每一个泛泛的新知滥施你的交情。

原生家庭在很大程度上奠定了我们是谁，但态度和见识，在很大程度上决定了我们可以成为谁。

我希望，即便我们再也回不到二十岁了，也能从当下开启一种更有力量的人生。

如何像张爱玲一样优雅过一生？

所有的女人，终有栖息之地，不是他人，唯有自己。

张爱玲的一生是遵循自我，讲究独立的一生。她年少成名，一时风头无两，前半生恣意热烈，后半生漂泊异域，离群索居，刻意把生活过得简单。

有人说张爱玲的结局悲惨，但我觉得，她按照自己的方式优雅地过完了一生。

有一句话是这样说的：“所有的女人，终有栖息之地，不是他人，唯有自己。”

如何像张爱玲一样优雅过一生呢？我想张爱玲的这四点，会给我们一些感悟和启发。

第一，坚持写作。

张爱玲从小就写作，得到的第一笔稿费，给自己买了一支口红。

二十三岁的时候，她已经成了大上海十里洋场里的传奇人物，以一个苍凉的手势，立起了自己的坐标。就算老了，她还有一部带着少年气息的如同电影一般放映了一生的自传小说《小团圆》出版。

不光是张爱玲，英国的简·奥斯汀也是一个靠写作逆转命运的女性作家。

简·奥斯汀一生未嫁，在安妮海·瑟薇饰演的《成为简·奥斯汀》里展现了她的一段爱情，她爱上了一个律师，但最终没有结果。

在那个年代，很多年轻男人要依靠家族才能有优渥的收入，她也足够理智，不认为一个男人为她背弃家庭和她一起私奔是可取的。“没有什么比贫穷更能毁灭一个人”，这就是简·奥斯汀一生唯一有迹可循的恋情。

有人说，是他给了简·奥斯汀坚持写作的信心，她或许有过遗憾，因为她曾在小说里写道：

这段良缘已经化为泡影，这使得千千万万的有情人无法从中领教什么才是真正美满的婚姻。

她知道爱情不是万能的，不过在她所能控制的故事里，仍然描写了人类可能有的最匹配的爱情。

两个以写爱情故事为生的女人，一个独居了大半辈子，一个独身了一辈子，用传统眼光看起来，她们的爱情并不圆满，可你能说她们一生悲惨吗？

除了爱情和婚姻，她们还有很多事可做，而且她们做了一些很多谈着恋爱或者已经结了婚的人永远做不到的事。她们有自给自足的精神世界，不奢望命运对自己格外青睐。她们过着平静有尊严的生活，不像一个穿着大人衣服的婴儿那样哭闹只求有人爱。

写作是她们的底气，也是她们的武器。

她们从不自怨自艾“女人是不是不该太成功太独立”“优秀的女人总是孤独的”。因为她们早已找到了如“天命”一般的东西，并且用一生把它发挥到极致。

英国女作家艾德琳·弗吉尼亚·伍尔芙说过：“女人必须有赚钱的能力，和一间用来写作的属于她自己的房间。”

写作其实是一种输出，它能清晰地给你反馈，你学到了什么，有什么变化，会让你更加清楚内在的声音，不至于被日常的焦虑所淹没。

写作对于普通女性来说有什么意义呢？

你总有自己的世界，你总有选择，你也总能保有你的完整。身为女性，有人会告诉你去做一个好妻子、好妈妈，可是你不能忘记，其实你还有才华。或许写作本身就是最大的价值，不至于让我们完全坠入平庸的日常和琐碎的生活。

第二，要有钱。

读张爱玲的小说，除了精妙似刻刀的语言外，或多或少总能嗅出金钱的“铜臭”味道。《倾城之恋》里，白流苏说自己“这一辈子早完了”，张爱玲立刻拉出“徐太太”作为画外音：

只有有钱的人，不愁吃，不愁穿，才有资格说。没钱的人，要完也完不了。

在《童言无忌》里，张爱玲自白道：

似乎我从小就很喜欢钱，一学会“拜金主义”这名词，我就坚持我是拜金主义者。我喜欢钱。因为我没吃过钱的苦——小苦虽然经验到一些，和人家真吃过苦的比起来实在不算什么——不知道钱的坏处，只知道钱的好处。

其实她小时候也吃过没钱的苦，比如小时候张爱玲去跟父亲要钱付钢琴师的费用，许久许久都得不到回答。她想去英国念书，但父亲和继母不肯为她付学费。她上香港大学，是靠母亲的资助，每次拿钱时既自卑又窘迫。

她一生爱美，有点儿钱就会挂念着做一袭华美的旗袍，以至于几乎成了民国时期的旗袍代言人。读她的小说，也会发现特别“洋气”，她知道在哪里能喝到最好的香槟，品尝到最好的乳酪，哪些戏院上档了最新的洋戏。

张爱玲很早就发现，写作能赚钱。她在《童言无忌》里说：“到现在为止，我还是充分享受着自给的快乐。苦虽苦点，但我喜欢我的职业。”

关于职业女性，苏青也说过这样的话：“房间里每一样东西，连一粒钉，也是我自己买的。”

金钱不能给我们幸福，但金钱可以给我们自由，自由让我们幸福。

第三，学会独立，在感情中及时止损。

张爱玲爱胡兰成，爱的时候是真爱，不爱的时候也懂得分清利弊，及时止损。她有过痴心，觉得爱上这样的男人，或许就是要爱他的一切，包括他的多情、他的风骚、他自成一体的世界观。

爱情可能是避难所，但若所遇非良人，也会变成牢笼。女人可以一时因爱情蒙昧，但看到蒙昧后要迅速从中挣脱出来。

在张爱玲和胡兰成的故事中有两件值得玩味的小事。

第一件是大家应该都了解的，其实张爱玲生前就写完了《小团圆》，但迟迟没有出版。当时张爱玲的经纪人叫宋淇，两人商量要不要出《小团圆》的时候，最担心的竟然是在台湾的胡兰成会拿着这部小说大肆做文章，占尽先机，亦不顾张爱玲的死活。

书中写道：

《小团圆》是写过去的事，虽然是我一直要写的，胡兰成现在在台湾，让他更得了意，实在犯不着，所以矛盾得厉害，一面补写，别的事上还是心神不属。

还有一件事，张爱玲一九八一年九月十六日致宋淇的信中提到：

……同时得到七千美元（内中两千多是上半年的版税）与胡兰成的死讯，难免觉得是生日礼物。

胡兰成的死讯是生日礼物，这样的措辞很符合张的毒舌风格，但或许也是她对当年错付的青春的一种定义，绝情、不黏滞、不怀旧，连惆怅也无。就像她当年写信跟胡兰成分手的话："我已经不喜欢你了。"

读《小团圆》到最后，看到这段话：

她再看到之雍的著作，不欣赏了。是他从乡下来的长信中开始觉察的一种怪腔，她一看见"亦是好的"就要笑。

张爱玲不懂撒谎，这是书中最直接的宣布，是很直白地对这个惯会左右逢源、把玩文字的男人的彻底否定。

坏的爱情就像智齿，藏在你看不见的地方，也不会痛，如果不及时拔掉，就会日积月累地长大，牵动你脆弱的神经。偶尔疼一下，并没有疼到死的程度，要死要活又显得矫情，让自己在幸福和绝望的边缘徘徊。可如果你及时拔掉，还可以吃下更多的美味，看到更多的风景。

第四，尽早摆脱你的原生家庭。

从本质上说，张爱玲那种苍凉的气质，很大程度上来源于她的原生家庭。

张爱玲在《私语》中写道：

> 最初的家里面，没有我母亲这个人，也不感到任何缺陷。

张爱玲文字里的冷，就是她心里的冷。而她心里的冷，就是她原生家庭的冷。

人们都知道她的显赫出身，祖母是李鸿章的长女，祖父是曾国藩的大将，她一出生便住进了上海苏州河畔的西式别墅里。但少有人知道的是这位未来著名的女作家出生时就因为家族的重男轻女被过继了，从此她对着这个本该是世界上最亲近的母亲，却只能说一声“二婶好”。

这个“二婶”要如寻常少奶奶般过着喝喝茶听听戏的日子也就罢了，偏偏她的嫁妆太多，闲钱不少，看不惯丈夫吸鸦片、赌博、嫖妓的可恶样子，而且她想为自己的人生再做一次选择。一九二四年，二十八岁的“二婶”决心以陪读的名义跟着小姑留学法国。

离别那天，四岁的张爱玲被仆人摆弄着，听他们连声对母亲说：“婶婶，时候不早了。”母亲在竹床上哭得厉害，仆人们再没有教给她别的话，把她牵走了。一个女人为了自己的疆界，舍下两个骨肉在上海，哭一哭还是走了。

关于母亲的描述，张爱玲在《小团圆》里写得很详细。

她一开始对写作的喜爱也来源于她的母亲，也就是她文中的“二婶”。我当时想，或许张爱玲写作的初心只是为了讨母亲的欢心。

张爱玲八岁的时候，在父亲多次写信催促下，她的母亲终于回来了。她不许张爱玲说“碰”，看到了一个人一定要用“遇见”。“快活”也不能说，那是性的代名词，“坏”字也忌，“吓坏了”三个字仿佛就像受到了侮辱一般，不洁净。

但是这样的日子没过多久，母亲就和父亲彻底离婚了。母亲远去了国外，张爱玲跟着父亲生活，后来父亲娶了继母，经常对她和弟弟打骂。张爱玲终于忍受不了了，才逃到了母亲那里，但那时候的母亲钱财已经快花完了，两个人过得非常拮据。

后来她凭着写稿和才华赢得外教老师赏识从而获得了八百元奖学金时，难以想象她怀着多么卑微又兴奋的心情把钱送给了母亲，就好似她把世上最好的礼物献给了母亲一样。然而母亲只是让她放在了桌上，然后打牌输干净了。

她甚至怀疑这是女儿用身体做来的交易。张爱玲把这份羞耻写进《小团圆》里，母亲趁女儿沐浴赤裸的时候，检查她是否为处女。

再后来母亲在国外重病，张爱玲买不起去国外的机票，只寄了一封信和一百美元给母亲，没有见到母亲最后一面。

或许是因为早期的原生家庭对她伤害太大，张爱玲笔下的主人公都是在尘世的枷锁中生活得很不幸的。我想这正是她在生活中对亲情、爱情有着深刻的感悟而写出来的。

同时，她自己也在竭尽全力去避免不幸的发生，包括不要孩子。从父亲家跑出来生活，她在亲情中受了伤害。

可以看出，即使是后来的生活，她也拒绝和弟弟来往，据说是因为她觉得弟弟软弱，没有尊严，小时候继母打完他们，没过几天，弟弟又跟继母亲热起来。她觉得弟弟软弱无能，总想着得到些什么，自己对自己不负责，受教育的机会也不争取把握。等到结婚的时候，又向姐姐求助。她以没条件帮助，并且自己的钱只够生活的理由拒绝了弟弟的请求。

我一直觉得成年人的亲情就是跟原生家庭保持距离，太过于相互束缚捆绑的亲子之爱，是枷锁，是手段，是互相纠缠不愿放手，更是没有反思，没有秩序的无明愚痴。

正如电视剧《欢乐颂》里面的一句话：“一个人的家庭就是一个人的宿命。”唯有很好地把自己与原生家庭的界限分明开来，你才能享受有尊严，也有自由的成年生活。

当然，这需要建立在你自己独立的基础上。你不能一边跟家人要钱，又一边跟家人要独立和自我。

想要赢得自由和尊严，最要紧的不是向别人宣告你的宣言，而是沉下心来以自己的方式实现自我的选择。

优雅是岁月馈赠的礼物，而获得的前提是，你的内心足够坚定。

致选择

我为什么鼓励你选择大城市？

大城市追求梦想成真，小城市享受生活安逸，这都没有错。重要的是你喜欢，你享受，你负责。

1.

高考成绩出来后，我收到了读者的私信："七天姐姐，我的高考成绩出来了，你之前说过一定要去大城市，可是我喜欢稳定的生活，我应该选择去大城市还是一个还算安稳的小城市呢？"

选大城市还是小城市？选大城市里的一般学校还是选小城市里的好学校？这两个选择，我都会选前者。因为我自己也经历了一个从小城市到大城市的过程，整个心态和机遇的变化让我更倾向于大城市。

当然，这也是由于我个人经验有局限。

但我还是想说，重要的不是做出他人眼中最正确的选择，而是做出你最想做的选择。

我选择北京，并不是因为我有多喜欢这个城市，而是因为在这里，我能最大限度地尝试人生的可能性。

我做的是文化行业，而北京是文化行业资源最丰富，流通最快速的城市，获取资源的渠道也是最多的。在这里，我可以迅速了解到整个行业的变化，并且根据自身能力做出调整和选择，试错成本会大大降低。尽管现在互联网让信息流通了起来，但身边的人对于信息的敏感度，还是要取决于这个城市的氛围。

一旦我对当下的行业和公司不满意，那么在这里，我还能快速地找到其他行业或其他还不错的公司，快速地转化行当。

当然，这样的大城市里要承受的是拥挤的地铁、高额的房租，还有出门一天最多只能办两件事的周折。

如果说大城市主要是生活成本，小城市更多的是关系成本，那么生活成本往往袒露在外，人人可以清晰地得知成本的高低，而关系成本常常是隐性的，难以估量。

潘石屹在前段时间举办的潘谈会上讲述了自己从小镇到省会城市，后来又来到首都的经历，他笑着说："小地方的关系网对于年轻人来说不是很有利。"

我能理解他想要表达的是什么，在大城市，你能更体面、有尊严地生活，不会为了一件事四处求人托关系。

我接受这份城市的压力，为的就是在这个城市的无限可能。

你看，每一种生活都有代价，最重要的是你选择承受哪种代价，选择哪种想要的人生。

2.

对于年轻人来说，没有哪一个选择，哪一个城市，会左右你的一生。如果在大城市待得不如愿，完全可以收拾行囊回到小城市。如果小城市容纳不了你的灵魂，你可以裹挟着肉身努力奔向一线城市。

与其说艰难的是选择，不如说艰难的是勇敢，勇敢地承担选择的后果，以及勇敢地在选错第一步后，不气馁不抱怨，做出下一个正确的选择。

况且城市是变化的，你也是在不断变化的，我们不能妄想两种不断变化的事物会一直匹配。你应该选择一个在当下与你气场相投的城市。

如果你想要冒险，想要尝试更多可能，请勇敢地跳入大城市的人潮中。

如果你向往稳妥的生活、甜蜜简单的小日子，不如就在自己的期望清单上划掉这个“别人家”的理想。喜欢过小日子并不是一种妥协，而是一种清醒的认知。

不要否定自己内心的选择，这个世界上有人喜欢争强好胜，渴望更优渥的生活，也有人想要每天陪着爸妈，和心爱的人有一个小小的家，下班煲汤煮饭，一起白头偕老。

大城市追求梦想成真，小城市享受生活安逸，这都没有错。

重要的是你喜欢，你享受，你负责。

3.

往长远一点看，局限你选择的，是你的眼界，是你目光可及之处，你对一种状况作出了什么决定，也就决定了你是井底之蛙还是鹤立鸡群。就像喜欢星星这件事，如果是见过月亮之后说喜欢星星，那就是真的喜欢了，可是如果没有见过月亮也没有看过太阳，你抬头看见的只是星星，这不叫勇敢尝试后的选择，而是两手一摊的不作为。

我身边的人，有的在暴富之后，选择了买房买车；有人挣到了第一桶金之后，选择了创业；也有人拿着来之不易的钱，选择了留学深造。我不能评判哪一个选择更好，同样的一笔钱，我认为投资比消耗好，让自己本身变得更好比让自己的生活变得更好有价值。

当然，这个价值也是我在我的局限里讲述的——你的杠杆价值，你能够撬动的资源。

五年后，房子和车子还在那里，但你的思维或许并没有什么质的突破，反观另一个深造或创业的人，他们收获的是更宽阔的人生体验。

想要自己未来的人生越来越好，重要的是学会改变自我思维，不断地迭代自己的认知。不要因为留在小城市就停滞不前，照样有人在小地方用最先进的互联网思维创业，赚得盆满钵满。

我的好朋友安然在四川的一个三线小城市，她在国企上班，业余时间写文章、运营公众号、做音频，也拥有一笔不菲的收入。她也有固定的三五好友，经常交流着北上广的都市生活状态，是典型的享受着小城市的安逸生活，又以大城市的节奏来要求自我的“斜杆青年”。

相反，有人享受着大城市的红利，却过着最下限的生活。这个城市的资源和上升空间对于无视它们的人来说，也形同虚设。

我有一个程序员朋友，来京近十年，从没去保利剧院、蜂巢剧场等文艺聚集地看过话剧，也没有参加过大型活动，每天三点一线的上班、下班、加班。突然有一天，他决意要回家结婚，那时他对我说了一句：“我在的北京和你在的好像不是同一个北京。我好像从来没有好好体验过这个城市。”

生活不是因为你生活在哪个城市而改变的，关键在于你内心的欲望和渴求。

4.

如果留在北京这样的大城市，那么面对高房价和高强度的生活状态，既是动力也是压力，可能你拼尽小半生的努力，才能在北京的六环外拥有一个小房子，甚至还可能被房贷困在每天一睁眼就要计算还给银行多少钱的压力中。

而回到老家或省会城市，或许等待你的是舒适的生活环境，可是你要放弃多年积累的人脉和已经习惯了的生活环境。任何一个适合生活的地方，总能多多少少塞给你一点“幸福肥”，还会拿走一点你的斗志和野心。而你才二十几岁，你要不要为了以后的稳妥，就放弃了现在的奋斗？

答案没有写在哪个公众号或者哪本书里，你想要的生活，终究要自己去探索，去尝试。

有没有两全其美的选择呢？我想是有的。

比如我喜欢的作者柏邦妮，她日常在北京写剧本，跟朋友们聚会，但她却在杭州买了一套房子，偶尔会过去散心享受生活。对于她来说，在北京开心，留在杭州也开心，哪一种生活都有独特且美妙的一面。

关键在于，我们需要培养自己的实力来 hold 住自己想要的多面生活。既要有经济实力，也要有自如切换状态的能力。

私心一点来说，我不希望你选择稳妥，因为我相信稳妥是最后的退路，如果退路还在，那不如奋力向上，勇敢一搏。

这样我们也许有机会得到一个两全其美的结局。

那些实现了梦想的年轻人，都做了哪些关键选择？

我们要学会承受生命之重，然后把它变成礼物。

1.

“我会成为我注定要成为的人。”

这是我最近一段时间听到的最有力量的一句话，源于电影《波西米亚狂想曲》。我看完电影的第一反应是想查查牙叔是什么星座，怎么可以这样迷之自信又傲娇，可爱到让人不得不爱呢？

后来我才知道原来他是完美主义的处女座。

天才向来都是如此吧，自私又坏脾气，私生活难以描述，喜欢用万人追捧来掩饰自己那颗孤独的心。

但是，当他唱起歌来的时候，这一切的不堪都化作了才华的震慑力，其他的不完美又有什么关系呢？

《波西米亚狂想曲》是给每一个人的圆梦之旅，男主从无人问津的机场行李搬运工变成了在几亿人面前演唱的超级明星。

最初他明明是来乐队寻求合作机会的，但说得却像是同行交流，举重若轻地从别人口中得到了乐队休息的地方，然后带着自己写的歌找到乐队成员。那时乐队的主唱刚刚离开，他就咧嘴一笑说："你们看我怎么样？"

突出来的门牙让银幕外的我忍不住笑了，他的形象看起来似乎不太好，但是他向前走了几步，然后歪过头唱了一段歌，可以说是惊为天人了。"我天生比别人的门牙多四颗，所以音域更宽广。你们想清楚了可以来找我。"弗雷迪眼神一挑，立刻在我的脑海里占据了主角地位。

坦荡、自信、无所畏惧，最初的弗雷迪即便是一文不名，都闪烁着光芒。

弗雷迪是孤独的，就像大师们独有的那份落寞。但是孤独之后的绽放又足够惊艳。在所有人都在寻求六便士的时候，他是可以抬头看到月亮的人。

他孤独、自私、虚荣、不可一世，像个浑蛋。

但是他的梦想，是唱歌给这个世界上觉得格格不入的所有人。

即便是在发现自己感染艾滋病之后，他说道："我不屑于拿出时间去做艾滋病大使，告诉大家如何保护自己，我要把所有剩下来的时间做音乐，我就是要成为我注定会成为的人。"

他的旋律被深入绵延在世界各地，充满暴戾，又有自恃不由分说的高傲。他说："也许你们不喜欢我，但我无所谓。"

足够燃！也让人想到一句话——蜡炬成灰泪始干。

一个人可以为了他的梦想，不顾一切。

2.

影片中除了弗雷迪，其他的辅线同样精彩。弗雷迪的成功是作为 Queen 乐队主唱的成功，尽管他的表现力，他的作曲天赋，他的行事风格为这个乐队笼罩着一层光芒，但是乐队的其他三名成员，同样有着自己的才华和对音乐的坚持。

比如"We will rock you"（我们将震撼你）这个经典的作品，就是吉他手布莱恩·梅在思考如何跟歌迷更亲密地互动中诞生的灵感。如果有第一部电影，布莱恩、罗杰或者约翰，都会成为主角。

吉他手布莱恩·梅本身就是一个传奇。他是世界顶尖的吉他手，同时也是帝国理工大学的博士，利物浦约翰莫尔斯大学的荣誉校长，甚至曾和霍金谈笑风生……

他在五十九岁的时候重回学校，在帝国理工大学读完了当年没有完成的博士学位。对他来说，摇滚是一生所爱，天文学也是。在非此即彼的选择之外，他用漫长的岁月完成了鱼与熊掌的兼得。

谁说一定要向最初的现实妥协呢？只要足够有耐心，星辰与大海都在你手上。

3.

昨天晚上我在公众号后台收到了一个小姑娘的留言，大意是她在看了《大大的城市，小小的我》之后，希望自己能在理想与现实之间做一个更好的选择。大一的她读到我二十五岁时描述的生活，看到了她对未来的向往。

而半夜十二点还在忙着写周报的我，突然有一种“所有的努力都未被辜负”的释然。

弗雷迪说过的那句话，让我始终在思考一个问题：那些能够实现梦想的人，都做了哪些关键的事。

我想到的第一件事，就是坚持。

业内有一个同行花了不到半年时间做起了带货量惊人的抖音号，大家纷纷来问有什么秘诀，我也追问：“快说快说，你有什么秘诀？”他坐在我对面淡定地笑了笑：“其实最重要的就是，坚持。”

很多人问完之后就开开心心地回去了，自以为找到了什么秘籍，但是做了十多天抖音后就放弃了。

大部分人的理由是："唉，还是我们设备不行啊。"然而那位同行却说："其实我们的拍摄工具就是手机，连相机都没用。"

第二件，就是把自己的目标放在一个更大的尺度上。

想起之前和一个正在做公众号的学弟聊天，在提到自己的目标时他说："希望我两年后可以年薪三十万。"

我说："这个不叫目标，叫愿景。"

目标是在什么时间内，通过什么方式，完成什么样的事。赚多少钱只是目标中的冰山一角，它应当分为更多维度和更多阶段。

采铜在《精进》一书中写道：

最高目标，并不是指那些可以被度量且数量力求最大化的目标，而是指从整个人生来看最有意义和最有价值的目标，这个目标反映了一个人内心深处的渴望：我想成为一个什么样的人。

第三件，就是承受生命之重，然后把它变成礼物。

承受孤独，承认在万人交汇的舞台上被审视，被质疑，甚至被身边的朋友利用。

弗雷迪向和他相恋七年的女友 Mary 坦白自己的双性恋身份。她对他说："你的生活将会无比艰辛。"

我们常常会有同样的感觉，时而对人生充满无限期待，时而又觉得人生黯淡无光。

摇滚教会了我们什么呢？热情、力量与爱。

在“拯救生命”的演唱会现场，弗雷迪用充满热情的歌声表达着他的创造力和天赋，他是舞台上的王者，是匍匐在普通生活中平凡人的无限光芒。

很多人是因为看到了他的无限力量，才愿意抬起头，握紧拳头，与明天握手言和。

一如弗莱迪所说的：“The show must go on”（演出必须继续）。

你还年轻，你应该在路上，你拥有无限可能。

如何比自己先天条件好的人混得更出色？

在这条路上走下去，明珠会交到我手上。——凯鲁亚克

1.

世界上有两种女孩儿，有一种女孩儿从一出生就可以得到很多，可以得到丰盛的爱和物质，好像伸一伸手就有满身星光。

而另一种女孩儿从出生开始就要学会争取，要在贫瘠的人生里挣扎着向前走，先逃离原生家庭的无底洞，再跳过情情爱爱的陷阱，然后躲过职场里的各种磕磕绊绊，历尽千辛万苦，还离理想人生差一大截。

女孩儿 A 出生在一个普通家庭中，是典型的小镇青年，家中除

了她还有一个弟弟。高二那年，母亲曾试探着问她："家里钱紧得很，以后不上大学好不好。"

女孩儿 A 哭着跟母亲大闹了一场，说就算砸锅卖铁自己也要上大学，母亲没拗过她，但跟她约定，大学期间每个月只给她五百块钱，其他的钱要她自己想办法。

女孩儿 A 觉得委屈，刚想说话，抬头看到母亲身上还穿着那件已经穿了七八年的衬衫，又把话憋了回去，只说了声"好"。

那一年她雄心壮志，想靠高考翻身，谁知道当年的数学题是那几年最变态的一次，她栽了坑，只考了个普通的二本。

一路走来，她一直与普通二字贴身不离，只有高二那年考进了全校前十，这样的成绩如昙花一现，成了她永久怀念的巅峰。

大学四年中她当过促销员，在报社实习过，做过流水线上的小时工，谈过不靠谱的异地恋，直到大四那年才用节省下来的钱买了一部小小的安卓手机。

那年，微信公众号才刚刚起步。她用买来的二手电脑零零散散写过几篇公众号，但坚持了半年总阅读量也没有破万。

女孩儿 A 觉得自己前二十二年的生活是被日子推着走的。如果她不去兼职，她就没有生活费；如果她没有生活费，就没办法要到下一年的学费。她就是那个永远没有水晶鞋和王子的灰姑娘。

所谓的奇迹，不过是众筹几万个人的梦想，去向上帝交换一个机会，女孩儿 A 觉得自己永远是那个分母。

女孩儿 B 家庭富庶，出生在江南小镇，长得婉约动人，小学就是学校的“两道杠”。从初中到高中练了五年小提琴，是有资格做特长生的，但她自己更喜欢文化课，所以小提琴就成了爱好，而且高考那年她被两家国内顶尖的大学抢着要。

大学开始没两个月，她跟同系的校草谈起了恋爱，两人在恋爱之余还开了一个小的摄影工作室，大四那年女孩儿 B 又申请了英国的大学，一毕业就飞到了伦敦读研，坦坦荡荡地跟男友说了分手。学成归来后，直接进了一家广告公司，闲暇时间自己琢磨起了公众号，没写几篇就出了第一篇阅读量十万多的爆文。

她也有过无数深夜码字写稿的时刻，她也见过凌晨三点的北京，她也清楚要多努力，才能显得毫不费力。

她自小了解物质的好处，所以一过十八岁就开始学着挣钱，跟爸爸经商的朋友接触，明白努力不过是最基础的东西，她觉得努力无需炫耀，只有优秀，才能让人看到你。

女孩儿 A 在超市忙着打工的时候，女孩儿 B 在外企空调房里作方案。

女孩儿 A 在图书馆看书的时候，女孩儿 B 在跟外教上英语课。

女孩儿 A 绕着操场一圈圈跑的时候，女孩儿 B 在健身房打卡私教课。

2.

女孩儿A和女孩儿B在人生前二十年的时光中没有重叠，一个是贫穷的小镇青年，一个是富有的天之骄子。

她们两个是在大四实习时的公司里遇见的。

女孩儿A看到中午大家都在聊天八卦，而女孩儿B则独自捧着一本国外小说看得津津有味，还把手里多买的一杯星巴克递给了她。

女孩儿A拘谨地说谢谢，两个人就聊了起来。女孩儿A说自己想留在这家公司，女孩儿B笑了笑，说自己已经准备好了读研的资料。

在职场这场没有硝烟的战争中，女孩儿A的武器是勤奋，女孩儿B的武器是专业。虽段数不同，但好过手无寸铁，妄想靠混日子和混美貌博得一片天空。

女孩儿A挣两千，花八百，她住在宿舍，吃在食堂，攒钱为毕业后押一付三的房租做准备。女孩儿B挣两千，花两万，这个工作于她不过是打开交际圈的机会，她看重的不是工资，而是人脉。

她们唯一相同的是，两个人都知道这个公司不会是他们长久的归宿，反之从这里拿走什么才是最重要的。

女孩儿A带走的是一份专业技能，她靠着这样的实习经历进入了一家大型公司。小公司学做事，大公司学做人，她太清楚在一无所有的时候，唯有练好专业技能才是她全部的依靠。

女孩儿 B 带走的是她得到的人脉，这样的资源一直利用到她后面的创业中，她年纪轻轻就懂得经营与谋略。

3.

女孩儿 A 就是我，而女孩儿 B，是我在成长路上遇到的一个闪闪发光的姑娘。她比我家世好，比我能力突出，比我选择多，重要的是比我更努力。

我们常常以为，比自己优秀的人，不是用来嫉妒，就是用来超越的。但事实上，有很多人你从一开始就超越不了。与其想着弯道超出别人的轨道，不如走好自己既定的轨道。

在宇宙空间中，有无数行星是互不打扰的，它们不贪恋别人轨迹里的风景，只觉得能始终前行就是福报。

在一开始时，我们没办法选择成为女孩儿 A 和女孩儿 B，但是随着岁月渐长，我们走过无数个十字路口，然后停下来，选择一个走下去。走着走着才发现，有些成长是殊途同归的。

这种相同与我们的身家和地位无关，它更像是一种频率。

因为清楚自己能做什么，该做什么，并不在意有什么局限就去做，没钱有没钱的奋斗方式，有钱有钱多的进阶渠道。

她在她的创业路上所向披靡，勇敢前进，意气风发地打拼着。

我在我的白领生涯中打小怪兽攒经验，岁月静好地缓步前行。

4.

去年女孩儿 B 路过北京的时候约我吃饭，我写完了当天的稿子后匆匆赶去与她见面。聊天中，她转着无名指上的戒指笑着说："我去年结婚了，宝宝明年就要出生了。"

我曾经以为她会纵横职场，带着员工们开疆辟土把自媒体生意做得风生水起，谁料她说这次来北京是来沟通一个童装电商的合作。

"你之前的生意怎么办？"

"不做了啊！"

"怎么这么干脆，你之前也没接触过童装行业吧？"

"是没接触过呀，但是有什么害怕的。而且我马上就要当妈了，自己边养娃边练手，母婴市场肯定是红利期，我准备入场了。"

我曾经以为女孩儿 B 的目标是职场，爱情、家庭于她不过是蜻蜓点水，却不知她也会为了珍爱的小生命改变人生轨迹。

她聪慧有才，雷厉风行，职场于她是一片广阔天地，可是生儿育女，重新开始亦是她人生的幸福所在。

她问我目前在做什么？我说我还在上班，业余时间做公众号，闲暇时做做采访。

她笑了笑，问：“还看书吗？”

“当然，今年目标是一百本。”

“那你要小心了，我今年的阅读量直逼四位数了。”

我笑了笑，说：“我们不一样。”我想表达的是，她起点比我高太多了，我妄图追求她的速度，只会冒冒失失丢掉自己的所得。但我想了想，又接着说，“但是又一样，我们都是按照自己的节奏在生活的人。”

她也笑了，说：“是啊，当年看到你那么拼命的样子，真怕你跟大多数人一样，只是把努力当作幌子，把别人当成标杆，而忽略了自我。”

女孩儿 B 曾经也问过我：“你想要更多吗？”

怎么会不想呢？谁甘心来世间只做灰姑娘？无数的少男少女千辛万苦地从小镇走到大城市，不仅仅是为了看到世界，更是想要世界看到自己。

想要是一种欲望，怎么要，却是战略和技能的结合。好高骛远是不可取的，好运气是不可求的。唯一能把握的是眼前的这双手，赤手空拳地向前走虽然艰辛了点，但好过依靠别人让风险不可控。

我也问女孩儿 B：“你不怕失去很多吗？”

“怎么会不怕呢？可是怕也解决不了问题，你得敢。”

敢从头开始，敢转变航向，敢为了你想拥抱的，舍弃你已经拥有的。

女孩儿 B 说："对待命运的方式不是顺遂和祈求，而是迎难而上，所谓的狭路相逢，勇者未必能胜，只是不想输。"

我们都对自己此刻的所得无比满意，她走得快，却转了弯，未必不是好的人生。我走得慢，但仍旧心系前方，也会有更好的可能。

给我们信心的是岁月，是时间，是一点点地重塑自我，摆脱别人的期待，找到适合自己的鞋子和路。

凯鲁亚克在《在路上》这部小说里写下："在这条路上走下去，明珠会交到我手上。"

也但愿你能找到属于你的路，得到你想要的明珠。

强大还是被爱，你选择哪个？

我就是要这个世界上有一束光是为我打的，有一个舞台是为我亮的，这个世界上有人是为我而来的。这很重要。——演员春夏

1.

看姜思达跟王菊《刚过二十五》，视频开始时，思达穿着夏天的衬衫骑着小电动车，接上了眼神炫酷的菊姐，两个人飞驰在路上，无比青春，也无比美好。

不过，最吸引我的还是他们的谈话：如果放下现在的一切，你选择成为强大的还是被爱的？二选一。

王菊想了想，说：“强大的。”

思达笑了笑，说：“可是我想被爱，我觉得强大很累。”

而王菊却说：“给予也是一种快乐，如果我足够强大，我也可以爱别人，我同样可以从主动去爱里面得到快乐。”

这种强大是温柔的、自信的，能重塑自我，不祈求别人的回报，爱得更加天真。

王菊坦言，以前的自己没有现在这么坚定，包括在爱情里也是容易迷失的。但现在她说：“如果爱情不能让我变得更好，那它也不应该让我变得更差。不然爱情的意义在哪里呢？”

爱情不应该是让人觉得痛苦或者变得消沉的事情。

这个访谈让我想起春夏，同样是一个在思考也在自我审慎的女孩儿。她坦言自己只是一个普通人，可能只是比其他人好一点点。

我喜欢她那种努力看到自我，从不拿捏姿态的感觉。我认为自知之明是很重要的东西，就像是空杯心态，你只有把自己放空了，才能承接更多的东西。

但同样我觉得野心也很诱人。春夏就是在我看来既有自知之明又有野心的人。

她说她一定要成为不一样的人：“我就是要这个世界上有一束光是为我打的，有一个舞台是为我亮的，这个世界上有人是为我而来的。这很重要。”

我喜欢她讲出这段话的瞬间，眼睛里有泪光，但是她没去擦它，就是这么自然。

2.

一个女孩子的强大，究竟起点在哪里？我经常会跟好朋友陶瓷兔子探讨这个问题。

还有，为什么在女性作者的写作中，总会有那么强烈的自我情绪和个人体验？我觉得是格局太小，兜兜转转只探讨爱情和失恋、美妆和护肤。

也许真正不局限女性写作的最重要的一点，就是脱离这个角色，只是以人的身份来观察和叙述。这也是我们达成的共识。

这半年来，她给我推荐了吴伯凡、李松蔚、刘润还有雾满拦江等一些作者，我的感受是，自己的眼界一下子开阔了，这是认知上的提升，因为男性作者的文章更多从宏观角度看问题，而不是仅从几个人的故事得出结论的简单叙述。

女性作者中当然也有这样的存在，比如梁宁和脱不花，以及我在微博上关注的斯一。

脱不花以前在微博上写清单，建一个话题，一下写出十条对于话题的认知，每一点角度都不同，特别干货。没有故事渲染，没有情绪，实打实地输出心得。

梁宁更甚，跟雷军等大佬们熟识。而且我们在新闻中看到的创始人，很多都是她笔下的“我的一个朋友”。她写书评可以写出一个企业的底层逻辑，她有个公众号叫“梁宁－闲水照花录”，写产品逻辑、写创业、写情绪，用的都是中国企业二十年来的真实案例，切入口小，但是观察精准，完全脱离了个人情绪。

我和斯一并不熟，但我知道她曾是胡辛束的合伙人，聪明，年纪不大却经历丰富，在新媒体创业群里，是小有名气的网红推手。这个表述可能不太恰当，但是一个人浸淫在什么样的环境里，就会看到什么样的东西。

如果有选择，我一定要成为不只能写励志、爱情和娱乐八卦的人，这是我对自己的期许。

再说回写爱情这件事，爱情当然是应该被讨论的，但它不应该局限在这个人为什么不喜欢我，他为什么不如我喜欢他那么多？或者他这样做算不算喜欢我等问题上。

被爱还挺重要的，在这个偌大的世界上，被一个人惦记，放在心上，会有一种成就感和存在感。

可是我们有没有足够的能量去匹配被爱？我们有没有在学习、在进步？今年的我有没有比一年前的自己成长一点点？这些都是我们应该去反思的。

我认为强大在于主动剥离，剥离开女性意识，把自己先当成一个人去看待。不是女人脆弱，同样还有脆弱的、情绪化的男性，不是因为你是女生，你就应该获得哪些特权。

《奇葩说》里有一个辩题，面对女友的求生欲测试，你要不要演戏？

其实我还挺赞同飞飞是大王的观点的。求生欲这个词，本身就是当下女尊男卑的网络环境下的产物，它太过于强调对女生的讨好，但这难道不是另一种对于女性的歧视吗？

男人只要按照套路把女孩儿哄高兴了，只要懂得买买买，女孩子就自动愿意跟你在一起。肤浅、拜金、虚荣，我们真的要变成这样的人吗？

但我相信大多数人还是期待在爱情里看到真善美和自由的。不然爱情的意义在哪里呢？

不应该是两个人携手并肩去看一个更大的世界吗？

3.

因为工作的缘故，我认识了一位生活在香港的女作者，我们并不熟悉，但我却挺喜欢她的。由于我打算帮她做音频课程，就约了个电话会议来沟通内容，也得以了解了她的过往。

她的经历很有传奇色彩，三十多岁，前半生称得上跌宕起伏。

如果她是亦舒笔下的女子，座右铭应该是："人生短短数十载，最要紧的是讨好自己，而非满足他人。"

她高分考入北京的知名大学，想要挣钱，活络了各种心思，甚至还在冬天的北京卖过冰棍。她在二十岁之前开了一家自己的酒吧。她听从家人的安排嫁给了富豪，但是毕业后又果断离婚，因为不想成为某个人豢养的太太。

太想做自己的女性，总会有一段艰难的革命之路。

她住过筒子楼，也有过每天吃速冻饺子等待发工资的日子，干过做会议记录和端茶倒水的琐事，最拼的时候一天只睡三个小时。她花了三年时间，从实习生做到了公司副总。

我问她："有没有什么可复制的技巧和技能？"

她笑了，说："你看你们总是想问出什么捷径。可是做事情哪有什么捷径，只不过就是要付出比别人更多的努力罢了。"

我一怔，说："其实在现在的语境里，努力一词挺被大家嗤之以鼻的，反而是选择、格局，都比努力更重要。"

她说："那要看你用什么样的努力方法了。不是加了一会儿班，多做了一点儿工作就叫苦不迭，那还算不上努力。"

她说自己头天刚进医院急诊，夜里还连续开了两个会。她发给我看她的行程表，从九月到十月，安排了十几个不同的目的地，几乎是马不停蹄。

和她聊天的过程，是我固有认知被打破的过程。

她说到财务自由，我说我身边大多是工薪阶层，有少部分人在理财。她又笑了："你看，为什么说到挣钱，你们想到的总是投资，而不是努力在工作上爬到更高的高度呢？”

我沉默了。她继续说：“大家都觉得让事业变得更好很难，对吧？可是那些投资人，他们念完硕士念博士，再念 MBA，他们这样努力提升自己，做的投资还不一定能挣到钱，你怎么能奢望只靠投资实现财务自由呢？”

后来人要懂得的，永远是投资自己。

我们聊职场话题，我问她对“贵人”这个话题怎么看。

她说：“即便是你遇到了贵人，如果你是块扶不上墙的烂泥，也没有用。那些大佬们个个都是老油条，你动了什么小心思，用了什么殷勤手段，他们一眼就看出来了。贵人是给那些有实力也有潜力的人准备的，不是给那些想要做白日梦，凭借自己揣摩人的心思，想要一步登天的投机者做后盾的。”

我说：“大家都太想要事业和家庭的平衡。”

她又笑了：“任何事情都是有成本的，你想要的东西总要付出代价。”

我们有时的确贪婪，想要两头都占着。但是当你开始想要往后退时，很可能再也无法前进一步了。

格力集团董事长董明珠，是近年来最知名的女性商业大腕之一，她在接受采访的时候说：“女性不够努力，不够拼命，总是见好就收，想着找一个男人来依靠。”

她说得非常残酷，但她说的可能是对的。

见好就收，或许已经不再是我们这代女孩儿的归宿了。未来的就业环境只会更糟糕，我们必须更努力，才能在职场中获得一点点的生存之地。

4.

很多时候我也很想赢，但有些时候，我还想要酷。

我想清楚了我为什么想要强大，而不是被爱。尽管这个世界残酷，但我还是挺想正面面对它的，我不能总是躲在别人的背后，让别人来替我遮风挡雨。

在北京的这三年，是我切实在练习成长的三年，每一天我都离自己的梦想更近一步。我没有被谁好好爱着，呵护着，我一个人对着遇到的风雨迎难而上，挺有感触的。

我想对那个一身孤勇向前走的自己说："你没有赢，但也没有输，你会越来越勇敢，也会越来越强大。"

百分之九十的大学生都对这个问题焦虑过：工作还是考研？

不要贪图便捷的成功。——字节跳动 CEO 张一鸣

1.

“选择大于努力。”这是很多公众号作者和博主们分享的一句话。

但这句话细究起来，也有一点投机取巧的意味。它仿佛是在告诉我们，只要你选择了很多条路中的某一条捷径，你就更容易走向成功。

这周末我参加了采铜新书《精进 2：解锁万物的心智进化法》的发布会，有一个读者问：“我对心理学感兴趣，想要考研，我应该努

力先考上研，还是在日常中朝着这个方向努力，不用把考研这个目标当作必须要做的事情？”

“如果你是真的想考研的话，那么此刻你就应该坐在自习室认真复习，而不是来这个分享会听一个叫采铜的人说如何考研。”作者这样回答。

我是明白他的意思的，如果你非常明确地知道自己的目标，那么你要做的，就是朝着这个标准去前进，而不是分心去做其他无关紧要的事情。

作者继续问这位读者：“你为什么考研？”

她说，希望能用心理学的知识提升自己的生活品质。

采铜继续说：“那你在日常中学习，获得相关知识的积累就可以了，你不需要考这个研究生了，因为学校里面教的知识跟你需要的是不一样的。”

最后采铜老师很不幽默地来了一句：“其实我也是害怕考研的，所以我选择了保送。”

考研的痛苦在于，它有明确的录取标准和界定。但纠结之处又在于，在付出重重努力获得研究生资格后，你又会怀疑毕业后得不到自己想要的结果。

《奇葩说》导师黄执中的微博上也有一个大学生的留言说，自己是很坚定的考研者，因为想要一条出路，但是很多人说三本学校的人就不要考985、211了，是不是自己太不现实了，自己应该坚持吗？

黄执中在回复他时说了一句话："考研是手段，想要一条出路才是目标。"

前段时间我跟一个做人力资源的朋友聊天，她顺嘴说了两句："现在来面试的人，如果是双非学校的研究生，基本可以判断这个人既想逃避就业压力，又没有较好的学习能力和判断力，也对自己不负责，混研究生学历的也会混工作任务。"

这番话听起来特别让人感慨。

2.

周末的时候跟作者韦娜一起在浙工大做了一次分享会。如今她已是七个月的孕妇，但还是拖着沉重的身体从上海来到了杭州。跟她聊天时，才知道她的第五本书要上市了。

在她的分享中，她说自己连续七年五点起床写作，在选择了写作之后，她从未有过懈怠，哪怕有过对风格和类型不满意的时刻，也没有停下来过。尽管已经到了孕晚期，她对于创作的热情和投入的时间还是远远超过一个有大量时间且精力充沛的年轻人。

在读者的提问环节，她对于这些困惑的解答轻车熟路，还能用一种春风化雨的风格轻轻抚慰学生的迷茫，并且对毛姆等人作品里的名句信手拈来。

我喜欢她在文章里写下的这段话：

他们比任何人都明白，做好任何一件小事都需要努力和耐心，更需要慢慢来；他们比任何人都惜时惜命，所以才有资格享受拼命尽兴后的人生礼遇。

在看完今日头条张一鸣的相关报道文章时，他的一些特质打动了我。

“机器人”是外界对他最多的称呼，但这个“机器人”并不是说他待人冰冷，而是他能精确把控自己的情绪和状态，无限地延迟自己的满足感。他说话时的语调和语速几乎没有情绪起伏，高兴和沮丧都不轻易示人。而且他做选择的路径非常明确，那就是找到所有可行的路径，并从其中寻求最优解。

在他选大学、选专业上就可见一斑。

张一鸣是在南开读的大学，他在母校的演讲里面提到，为什么他这个福建娃会来天津上学：

①最好在北方，冬天会下雪，因为没见过，想玩。

②想独立，离家远，不能让父母突然跑到学校来找我（这样就排除掉东南沿海的城市了）。

③综合性大学，不要像中科大那样偏专科。

④男女比例不要太失调，方便找女朋友（排除了工科类院校）。

⑤靠海，因为喜欢吃海鲜（只剩下渤海湾）。

根据几个维度的综合依据，排除干扰选项后留下了他想去的地方。

3.

如何做出比好更好的选择？在关于决策的问题上，我也有一些心得：

第一，不在小事情的选择上消耗时间和精力。

比如点外卖的时候选什么，吃饭的时候选什么，所谓的“选择恐惧症”会让你在这些事情上浪费很多精力。

我跟一个朋友去买饮料，她站在饮料柜前五分钟都想不好自己应该拿什么。

“为什么你选得那么快啊！”

“因为我会逼自己做选择。”

因为你不选，你就永远不知道哪个饮料是你喜欢的，品尝不到味道的时候，只是无意义的决策拖延。选了之后，你就知道下一次怎么选了。

小事情上“下一次”选择的机会有很多，这种日常的选择，决策的影响结果并不大。

第二，应该尽可能提高自己的决策质量。

在遇到问题时，不要被大脑里跳出来的第一个解决方法搞定。要在“好，就这么着了”拍板前，自问一下还有没有其他的可能。

决策心理学认为，人在面临选择时，通常会采用“满意原则”，而不是“最优原则”。所谓满意原则，就是人会从自己最熟悉的待选项开始逐一进行考察，考察到一个满足内心标准的选项时，就会采纳这个选项，余下的选项就废弃了，而并不是对比所有待选项，然后选出其中最好的。

第三，作不了决定就把“目标悬置”。

在作不了决定的时候，或许是因为做这件事情需要的一些模块和技能你还不具备，可以先把这个事情放在一边。

美国斯坦福大学近年来就把四年大学制改成了终身大学制，也就是说，你不必着急尽快毕业，再去为其他事情做准备，而是可以把工作和学习交叉进行，在实践中学习。

第四，不要轻易破釜沉舟。

在作任何决定前都要想好退路，也就是第二方案。不是说不要用尽全力，而是你要清楚自己的目标是什么，在当下的路径行不通的时候，你要学会改变轨道去尝试新的可能。

我在工作中学习到最重要的一点是：增强你的判断力，明白做成一件事的概率，而不仅仅是碰运气赌机会。努力之外，要有灵活的变通。

第五，通过写清单不断逼问自己，具象化自己的标准。

当不知道该怎么选专业、选工作的时候，拿一张纸列下来，把所有的优势、劣势写上去。选男朋友，把“靠谱”二字的具象化写出来，比如约会后送你回家，可以在关键时刻借钱给你，等等。

列清单会让你更加明确自己的需求，而不仅仅是一个泛泛的概念和框架。哪怕你在尝试之后发现自己的标准跟预期的不符，也可以通过不断修改标准来达到自己的理想状态。

我特别喜欢张一鸣说过的一句话：“不要贪图便捷的成功。”

在作决策的时候，如果能够一直以人生的大目标作为标准，而不仅仅追求短期的满足和获利，那这一定是一个更高质量的决策。

在《高效能人士的七个习惯》中，德鲁克曾经提到过一个原则：以终为始，先有愿景目标，再以此塑造未来，全心投注于自己最重视的原则、价值观、关系及目标之上。

致精进

不要让你的二十多岁被累累累累填满

正是因为生活中还有不完美的存在，我们的努力才有意义。

1.

人生最痛苦的事情不是没有野心，而是没有足够的耐心和体力配得上自己的野心。

学妹小景幽怨地跟我说："七天学姐，不知道怎么回事，自从我开始实习之后，每天都觉得特别累。本想着自己一个人在北京，有了更多的时间和空间，我可以多做一点自己的事，比如看看书、写写稿子，结果回到住处后却只想瘫倒在床上。我才二十岁，为什么每天坐在电脑前，都觉得这么累呢？"

其实不光学妹有这种疲惫的感觉，有时我也会觉得自己的体力配不上自己想做的事情。有一次我跟一个从事互联网行业的朋友聊天，他也说自己最近状态不佳。

“是累吗？”我问他。

“累倒不怕，主要是工作没有成果，没有成就感。所以即便是忙碌，也没有开心的时刻，忙且不开心，那种疲惫感就会油然而生。”

可能这就是我们累的根本原因吧，并不是因为这份工作让我们身心乏力，而是这份工作没有给我们带来任何可以看得见的结果，或者没有给到及时的反馈，让时间消耗了我们去认真做事所追求的意义。

“不要因为走得太远，而忘记你为什么出发。”这是我很早之前听过的一句话。我们常常说不忘初心，可是在旅途中，初心却常常被我们丢到一边。

学妹无奈地跟我说：“其实我每天都不知道自己在公司做了什么，一会儿同事让我帮忙翻译东西，一会儿另一个同事让我去帮他搬东西，每一项我都没办法推脱。等忙完回到自己的工位上，看看时间，旁边的同事都已经准备下班了，而我列在清单上的工作才完成了不到一半。”

2.

我们每天在工作中多多少少都会强撑着做一些琐碎的、无意义的、无趣的、看不到结果，但是不做又不行的工作，还必须花一些时间来与这些无穷无尽的鸡毛蒜皮贴身肉搏。

感到累的原因还有一个，那就是我们常常困囿在情绪中。拖垮我们的不仅是繁忙的日常，还有时不时就起伏颠簸的情绪。

我下班后偶尔也会跟同事就近吃晚饭，有时候闲聊起来就会发现，我们在工作中累积了太多无处释放的情绪，因为焦虑，所以把情绪包装成“吐槽”说给大家听，又因为分享焦虑，自己的情绪更加波动。

“明明回家是想跟孩子好好玩耍的，但是一想起工作中那些令自己委屈的事情，眼泪就忍不住掉了下来。宝宝懂事地问我：‘妈妈，是不是我不乖才惹你哭哭呀？’”成为宝宝妈妈的同事无奈地说。

表面上看起来这只是一个职场妈妈心酸的一瞬间，可如果大家讨论起来，就会忍不住向“丧偶式育儿”“要不要做全职妈妈”等方向跑偏去。虽然说讨论的内容也在情理之中，但更像是把自己置身于一种极其悲惨的境遇中，让自己的焦虑变得更多了。

初入职场的实习生也常常因为和朋友一起聊天而感到焦虑，前段时间就有一个刚进入职场的实习生给我发私信，说她每次谈到自己独自一人在北京还没有男朋友，朋友就会喋喋不休地建议："哎，你一个人工作肯定很累呀，快找个男朋友一起分担下吧，不然以后找对象越来越难。"

她特别为难地对我说："本来我只是因为工作觉得疲惫，但最近也开始因为自己的感情焦虑了，就连在工作中我都会被这种不确定的惶恐感占据内心。我才二十多岁，为什么觉得人生这么艰难？"

在吐槽和抱怨中，我们关注的不再是事情本身，而是被情绪放大的一种假象。

我们置身于人群中时，所谓的比较和落差，让我们对"理想中的生活"有了更多的期待，从而增加了对当下的不满，过早地给自己下结论，进行消极的预言，失去生活的勇气。

可是我们能把握的只有当下，与其让自己的疲惫感随着情绪凸显，逃避真正需要面对的情况，把自己的心态交给别人来引导，倒不如做好手边能做的事情。

给自己的生活定一些小目标，比如今天锻炼二十分钟，明天听一节音频课，在明知工作无法把控之外，给自己创造属于自己的可控生活。

这些积极的反馈和信号，可以让你更自信地面对生活中的未知，拥抱未来的"不确定"。

工作不顺利、没有男朋友、内心无力，等等，都不能成为我们停下脚步的理由。反过来想，这不正是生活的动力吗？正是因为生活中还有不完美的存在，我们的努力才有意义。

亦舒说过：“无论如何，一个人借故堕落总是不值得原谅的，越是没有人爱，越要爱自己。”

一个人终究可以依靠的，也是自己。

3.

如果觉得累，那用什么来缓解疲惫？

很多人认为累的时候就去看看微博和抖音，从繁忙的工作之中逃离，从这些即时的碎片化信息中得到片刻解脱。但这样做的结果往往是，自己得到了休憩的假象，本该做的重要事情被一再拖延，最后不得不熬夜或挪用其他时间来弥补之前没来得及做的事情。

当我们太想得到解脱时，就会陷入另一种碎片化的疲惫中。看半小时或者一小时的抖音，再从微博切换到知乎，然后又在豆瓣上来回点击，最终只会导致时间花费了，但该做的事情还停留在原地。

有段时间，我下班回到家的第一件事就是先睡一觉，然后再起来工作。虽然这样做的效率并不高，但我当时却觉得，这是让我自己的身体得到休息的最直接方式。

后来另一个精通效率管理的朋友跟我说：“或许你可以尝试用另一种方式来缓解疲劳，比如到家后先去冲个热水澡。”

我后来尝试了几次，发现原来除了睡觉，的确还有更好的方式来缓解身体乃至心理上的疲惫感。

采铜曾提到过“价值半衰期理论”，认为一件事情应不应该花费时间和精力去做，可以从两个角度来评估：一是这件事在当下将给我们带来的收益大小，这个收益可以是心智、情感层面的，也可以是身体、物质层面的，称之为“收益值”；二是这项收益随时间衰减的速度，称之为“收益半衰期”，半衰期长的事件，其影响会持续较久。所以在判断一件事情是否值得花精力去做的时候，主要看它所带来的收益半衰期的长短。

短半衰期的事情指漫无目地地刷微博、跟别人掐架、在网上购物等；长半衰期的事情指练习书法、坚持写作、学会一种思维技巧等。

我记得之前有一个关于罗永浩的八卦，说他曾经在小摊上买了一百多斤的成功学书籍，他当年创业的时候每次觉得坚持不下去的时候，就拿起一本看。每当看不进去的时候，就果断地扔到一边，然后换另外一本。

他说在他每一次陷入僵局、困难、危险这种境地的时候，自己始终相信，只要努力，只要坚持，就能成功。

心理暗示的效果就在于，在被“不确定性”笼罩时，在没有归属感的当下，你仍能感受到来自内心深处的能量。

这里愿你的人生即使疲惫，也能依然对自我满怀期待。

也愿人生旅途漫长，你我都能实现梦想。

别用跳槽升级你的职场

世界的常态就是不确定性，世上唯一不变的，就是变化。

1.

前两天微博上有个热搜，说的是九五后职场新生觉得开心比薪资更重要。

很多网友在评论里说：“当然了，反正现在我又不能挣太多钱，在工作中当然是怎么开心怎么来了。如果它让我不爽了，我就换一家。”

九五后的学妹小树找到我说：“七天姐，我又辞职了。这次在这个公司待了三个月，我实在干不下去了。”

这是小树今年换的第六份工作，第一份工作，跟领导气场不合辞职了，第二份工作，内容不喜欢辞职了，接下来的几份工作辞职和跳槽的理由各不相同，或主动跳槽，或裸辞，总之，没有一份工作超过三个月。

她说起跳槽来既开心又纠结，开心的是自己终于逃离了不喜欢的工作，可以去一个新环境了。纠结的是，跳槽这么多次之后，她发现很多问题并没有通过跳槽解决，反而越来越迷茫了。

“七天姐，我一直以为工作不开心是工作不合适，可是我越换越觉得，似乎没有完全合适我的工作。我是该改变我自己吗？还是我真的不适合这份工作？”

我跟她说：“你可能要先想清楚你把职场当什么这个问题，只有做好定位，你才能知道自己想要的和公司需要的是否匹配。你是想把公司当学校，觉得学到知识最重要，还是想把公司当成游乐场，认为在这里快乐最重要呢？”

开心固然是好的，可人生也不是只有开心而已，如果想要在工作中只得到快乐，人生会比较艰难，因为就连人生本身都是千滋百味的。而且对于小树来说，她并不是在这份工作做得格外圆满的时候选择了跳槽，而是在被当下的工作逼迫得煎熬又焦虑的时候，逃一样地迅速准备简历、面试，然后离职。看似水到渠成，可是最重要的一个问题并没有解决。

那就是，如何发掘自己最擅长的事情？如何挖掘自我的优势？

2.

招聘行业常常会提到“素质冰山模型”，这是美国著名心理学家麦克利兰提出来的。

麦克利兰把不同类型的素质划分为“表面的冰山以上部分”和深藏的“冰山以下部分”。冰山以上部分是指知识和技能，这是外人容易了解与测量的部分，相对而言也是比较容易通过培训来改善提高的部分。

而冰山以下部分，包括角色定位、自我认知、性格特质和动机，这些是人内在的、难以测量的部分，不太容易通过外界的影响而得到改变，但对人员的行为与表现起着关键性作用。

比如以下这几个方面：

角色定位：你的职场目标规划是什么？你要成为某个领域的专家，还是带团队的领袖？

价值观：你如何与其他人合作？你喜欢作决策还是喜欢执行？

自我认知：你有足够的自信吗？在遇到困难时你会保持乐观吗？

性格特质：你的责任心如何？自己手里的项目无论如何都要做到最好吗？

跳槽只能说创造了新的机会，但是机会和挑战是并存的，如果我们始终没有弄清楚自己想要在职场中获得什么，想要在五年内达到什么样的目标，那跳槽就仿佛一个不会游泳的人在学习游泳，即便换了几个泳池，还是学不会。

比起成长，更重要的是成长加速度。

周末的时候跟前同事聊天，我们自从离开同一家公司后就选择了不同的道路，她去做了影视营销，而我做了互联网行业的营销。

但是我们都明显感觉到了一个现状：在职场中成长的速度会变得越来越慢。

当自己是一张白纸的时候，很容易汲取到知识，但是再做个两三年，对基本工作轻车熟路后，成长的速度会越来越慢，这就牵扯到一个类似于“成长加速度”的问题，它并不是一条线性的直线，而是在新手期陡然上升后趋于平缓，慢慢遇到一个瓶颈期。

有些人在瓶颈期就停滞了，还有些人能够通过提升自己的能力突破瓶颈期进入下一个成长加速度阶段。

这时最容易出现的情绪就是“焦虑”。

焦虑怕被同龄人抛弃或是担心下一个被裁的是自己，于是自己赶紧做出选择，跳到新的阵营。

最近在听马东的音频课程，他提出来焦虑其实也是一种自恋，是因为我们相信本可以做得更好。从某个角度来说，我们不会跟范冰冰比美貌，跟维密秀的模特比身材，但是会很容易跟身边的人比“成长加速度”。

可是如果不在一家公司待上足够的时间，就很难接触到核心的业务和资源的。就像学妹换的这六份工作，她几乎一直都在做边角料的工作，还没等主管让她上手运营，她就因为无聊和乏味说再见了。

在我们习惯喊着“逃离舒适区”的时候，往往会忽略成长本身具有的特质，瓶颈期的时候，既要寻求改变，又要守住耐心。与其着急做出闪光的成绩，不如先守住这份工作，慢慢了解自己在公司架构里的位置和未来的上升方向，一点一点构建自己想要的成长路径。

这种规划一旦形成，决定的就是一个人的思维改变，也就是从执行者到决策者的转变。

在工作中大致有两种思维模式，一种是执行者思维，一种是决策者思维。前者着重于执行具体细节，而后者更擅长做出方向的规划和框架搭建，由其他人来协助他执行。重要的一点是，前者可替代性强，而后者很难被替代，往往会发展为领导的左膀右臂。

最可悲的职场发展，莫过于慢慢变成一个工具型的人。

前段时间我有位朋友从原来的知名互联网公司跳槽到了一家新的创业公司，而且还升了职，手下有几个小朋友。但是在管理过程中，他发现自己仍旧是执行者的思维，对于不确定的工作不能下决断，让手下的人去执行。

结果手下的几个人对分配下来的工作不服气，他也没办法说服他们。领导觉得他管理不力，他只好自己亲自做执行。

做了半年后他说自己太累了，说是做管理，可是他连领导加员工的活儿都做了。为什么呢？因为他不懂得分配工作，分配了员工又不满意。

有次见面时他意味深长地对我说："我发现有一种能力在工作中极其重要，它是需要靠自己长期培养的，那就是决策能力。"

我不解，他苦笑着说："就是说比起想着如何做好一件工作，完成一个 KPI 指标更重要的是，你要学会定好工作的大方向，保证自己给出的决策是正确的。"

为什么你在工作中总是很忙？就是因为决策质量不高，不能一次性解决那些总是重复出现的问题。

在职场中，稳定输出比什么都重要。

还有一个很重要的能力——自律，它无法靠跳槽来解决。

它需要的是你自己意志力的建设和日复一日的执行。

我曾经问过 HR，那种憋着出大招的员工和持续保持稳定输出但没有太多亮点的员工，他们更喜欢哪种候选者。

她笑着说："当然是后者呀，工作中哪有那么多大招给你放，给你这个岗位的薪水是为了让你做好岗位必须要做的工作。别听老板说什么你要做的比其他人更有创意更有新意，要知道，他的意思是，在你做完必须要做的工作后，再比其他人有创意有新意。"

因此，在职场中，稳定输出比什么都重要。

看脱不花写自己的职场经验，从办公室女生到办公室女王的修炼过程，最重要的就是营造一种上上下下对自己的"信任度"。

而信任度正来自于这些“确定性”：工作方式早有准备，启动总比其他人早一步，时间管理更自主化；个人形象能识别，给他人留下始终如一的稳定印象，最大程度上淡化个人色彩但又能形成差异化；沟通时能控制局面，无论是小范围会议还是跨部门合作，都能进行平稳有效的沟通，降低误会产生的可能性。

脱不花说：“商业是一个与不确定性共舞的游戏，我们要努力去做其中最确定的因子。”

这就是自律的力量。

别让你的焦虑逼死自己

所谓的赢，并不在于一时一刻，而是要保存足够的体力持续下去。

1.

前几天我在上海见到了两年不见的朋友莎莎，她表情温和，目光却坚毅了不少，没有了两年前那种直勾勾的“进攻性”和欲望。

“怎么不一见面就对我灌鸡汤打鸡血了？以往你可是耳提面命地要我多挣钱，嫌弃我太懒散。”

“我最近的课题可是好好养身体。”

“怎么了？”

“劳累过度呗，医生差点下病危通知。前段时间我在上楼的时候感觉心都要跳出来了，心想这样下去真的不行，我需要停下来看看自己。”莎莎心有余悸地说。

之前她跟我一样在北京发展，后来因为工作调动来到了上海，一个柔弱的小女子，靠着自己的努力和才能，赤手空拳在上海打拼出了一套房。

她挂在嘴边最多的一句话就是：“我又不是咸鱼，要那么安逸干吗，不能拼爹就要懂得拼命啊！”

她的确是个拼命三娘，两年间在全国各地出差谈合作，三百六十五天有将近一百五十天在各地辗转，往往还没在家里待够两周就又要收拾行李外出工作。我们常常吐槽她，说她完全可以把房间出租一半，找个女生合租还能省点房租。

她听完后说：“哦，你们这样说有道理。我明天就把房间出租的消息挂出去！”雷厉风行，莎莎就像一个怀揣梦想的侠女，在风吹雨淋中步步前行。

她也不是没有难过的时候，她说自己已经好久没有吃过外卖之外的食物了，快速的生活节奏占满了她的业余生活，下班后的八小时变成了额外的工作时间。

“为什么把自己逼得这么狠呢？”

“因为我太想赢了。”她沉思了很久，跟我说起了内心的恐惧，“也不是非要赢，就是觉得自己身边的人都太优秀了，自己再怎么努力都是个 Loser，你别看我工资翻了几倍，可在我爸妈看来，依旧跟别人家的孩子差了一大截。”

我们从小学到大学，从毕业后进入社会，几乎都是按照一个“别人家的孩子”的模板在向前走，想要超越身边的同龄人，渴望在各个制定规则的竞争中脱颖而出。生活这个游戏的力量真的太强大了，我们不知不觉都被打磨成了一种人，那就是以“赢”为目的的人。

这个时代的焦虑像感冒一样会传染，莎莎早已是月入五万以上的新时代女性，可她看到的是，自己身边那些比自己小五六岁的人却能月入十万以上。

前段时间有位公众号作者猝然离世，让人挺唏嘘的。

作为一个每天发文章的公众号作者，他愿意用体力的透支来换取内容的产出和实打实的利益收获，但是这种透支就像是七伤拳，伤人一千，自损八百。

据朋友说，早在五月底，他已经感觉到身体很不舒服了，但小伙子工作太拼，不到万不得已，根本不愿意去医院。后来他终于去了医院，却被查出患上了白血病。

生命弥留之际，他咳嗽得非常厉害，眼睛也已经充血，连手机都看不了了。但他心里仍惦记着工作和朋友，喜欢的工作、热爱的人，他都不想放弃。

只可惜，再也没有机会了。

莎莎的心态转变让我想到了一个人，这个人叫罗素，他写过一篇文章《我为什么而活着》，里面有这样一句话：

三种单纯然而极其强烈的激情支配着我的一生，那就是对于爱情的渴望，对于知识的追求，以及对于人类苦难痛彻肺腑的怜悯。

所谓的“追求”和“渴望”都是一个过程，而不是结果。

我们经常说不忘初心，这与“我的初心就是挣钱”并不矛盾。哪怕是为了挣钱，也要有绵延持久的挣钱途径，而非在某段时间内消耗心力，留下一个垮掉的身体抱憾终身。

2.

最近在听《冬吴同学会》，这个是吴伯凡和梁冬一起做的音频节目，只要一点开，就会听见“坐着打通经济生活任督二脉”的广告，一个睿智，一个幽默，干货十足，听起来特别长知识。

前几天听了一期节目叫作《有限与无限的游戏》，讲的其实并不是两种游戏，而是一位美国哲学家、宗教研究学者詹姆斯卡斯提出来的博弈论。有限游戏的目的是为了获得胜利，而无限游戏的目的是让游戏继续。

听起来好像有点难以理解，我刚开始时也不是很懂，如果存在游戏的话，我们的目的不就是赢吗，不就是应该比别人做得更好吗？

在我们的世界里，有限的博弈居多，比如打仗、做生意、竞争一个职位，这种博弈的特点就是一方战胜另一方即可。

但是无限游戏就仿佛生命，它的终结是随着生命的结束而终结的。也就是说，只要活着就要战斗，只要活着，就有被别人超越的可能。

所谓的“赢”并不在于一时一刻的得失，而是要保存足够的体力持续下去。

“生命，是一种被延缓的死亡。”当你能向死而生时，你对待游戏的看法就会发生改变。

比如你想偷窥你老公的手机，如果用有限游戏的思维考虑，你的目的是为了确认你老公对你是忠诚的，或者想抓住他的把柄。久而久之，两个人势必会因为这种争执产生矛盾，严重的话甚至还会离婚。

但是当你用无限游戏的思维去思考的时候，你想要的是跟老公长久地走下去，这样就不会轻易去打破两个人的默契和平衡。

哲学家斯宾诺莎曾说：“人类所能希望达到的最高极限就是自我满足。”然而，没有对自我的了解与深刻的觉知，满足从何而来？

3.

只要说起《孙子兵法》，我们都以为最好的兵法就是教人怎么制胜。但是我最近在读《华杉讲透孙子兵法》，却有了不一样的心得。

《孙子兵法》主要讲的是自强之法，首先是修炼自己，而不是惦记着超越别人，打败别人。

善战者，先为不可胜，以待敌之可胜。不可胜在己，可胜在敌。

也就是说，先修炼自己的筋骨，让自己成为不可战胜的，让自己没有漏洞，不会心浮气躁，然后等敌人出漏洞。可胜在敌，就在于他什么时候失误。

所以就算一辈子不作为也是可以的，因为作为的结果可能就是死。

当然，这不是告诉大家不要去努力去争取，也不是说就要平平淡淡过一生。相反，我觉得奋力拼搏才是人生最美的姿态。

然而，使出多大气力去拼，再留存多少余力去汲取能量，让身体和心理时刻有盈余，才是我们需要重视的。别让你的焦虑逼死自己，相反，你应该善待你的焦虑，等待属于你的时机。

别着急，慢慢赢，往后还要坐很多次庄，投掷无数次筹码，不到最后一刻，你永远无法衡量自己的得失。

书籍是有限游戏，而阅读是无限游戏。

挣钱是有限游戏，而探索自己的更多可能是无限游戏。

人生或许没什么谜底，但它能启发每个人找到自己的答案。

当你一无所有时，还可以做什么？

好好写作吧，亲爱的，这是最重要的事。这是超越存在之虚无的，是一个人挣脱一切被强暴、被赋予的属性而绽放他的唯一办法。

1.

二零一八年，我决定每次迷茫的时候都给自己写一封信，铺开信纸，带着一丝香气，以“亲爱的自己”开始，落笔成说，仿佛那种熨帖感传遍了身体。

我写下：你今年二十五岁，在这个很难看见蓝天的大城市，仿佛一无所有，有无数困惑。

我从写作开始，把眼光和期待慢慢从别人身上落回了自己身上，上一句写下“你真是个糟糕的自己，这真是糟糕的一年”，下一句又接上“但是还好，你还年轻，一切都是修行，你该学会乐在其中”。

记录即审视，写作即信任，信任自己那份并不足够坚强又能承受所得所失的心灵。在这将近一百八十天的日子里，我也把很多无眠苦恼的长夜，交给了书、电脑和一份纸笔。

昨天睡得很晚，因为有个小学妹刚从老家来到北京，在适应了一段时间后她在微信上与我联系：“我每次走在北京的街头，总能想起你写下的文字，你熬夜到十一点看到空荡的街道、拥堵的地铁，你独自在房间里敲下一串一串的字符，记录自己工作中的成长轨迹。”

我在与自己的生活做着困兽之斗时，也在学妹的微信中获得了安慰，所以我想这就是写作的意义吧。即便未来火焰熄灭，也能留下曾经燃烧过拼命过的痕迹。即便是肉身陨灭，彼此的精神还能在文章中相见。

因为曾经从别人的文字中得到了力量，所以也想把这份获得传递出去，即便自己的能量并不那么饱满，偶尔脆弱，也还是想要去做。而且这样能在告慰别人的时候，自己也能得到最宽厚的告慰。

我总是会想，愿意付出去给予他人力量的人，应该配得上一切的美好吧？

写作对于大多数人的意义，并不是给大家呈现出好的作品。而是我手写我心，写下当下的迷茫和感触，把自己的困惑封存起来，交给时间，等隔一段时间再来看，到那时你就会发现解决了这个问题的人，叫自己。

时间治愈一切，而你治愈自己，这大概就是文字的力量吧。

即便是身处热闹的人群之中，只要你有了灵感，就可以随时随地打开手机的便签，写下自己的感悟。你能感觉到一种可以把控的节奏在体内缓缓流淌，你会开始习惯倾听内心的声音。

2.

陈愉在《三十岁前别结婚》中说："作为女人，要笔耕不辍。"

它能让你有持续的创造力，让你定期进行自我审视，表达出内心深藏的需求。它也能让你远离人群，排除干扰，与其跟别人争论，不如在内心的思索中找到自己的定点。

自从我开始规律地写作后，那个缺乏安全感，害怕孤独的自己，竟然也慢慢喜欢上了独处。独处就是写作的伴侣，你跟自己对话，你取悦自己，你诚恳地袒露自己，哪里不好，哪里有进步，哪里还有无法克服的缺陷。

迫于生计成人的世界里，到处都充斥着廉价的社交，但曲意逢迎间获取不了任何新的有价值的东西，那些互相恭维的言辞，言不由衷的话语，总让人觉得空洞无物。我们习惯戴着讨好的面具进行日常社交，可如果太久没有摘下面具，就会忘记哪些是需求，哪些是热爱。

我们需要去社交，但应该热爱独处，因为那是能让我们可以做自己的时刻，不必人云亦云，不必去换位思考猜测别人的心思。独处让我们有时间充实自己的头脑，明白自己的渺小和健忘。遇到了不解的困惑或问题，我们需要用电脑去搜索相关资料，做出判断，得出自己的答案，而不仅仅是上网搜索，复制粘贴。

写作是一件平凡而神奇的事，它就像老朋友一样，永远不会背弃你，倒是我们会时不时地闹个情绪，怪自己写得不好，不写了。

生而为人，多么好，即便遭受了太多苦难艰辛，我们依旧可以用十几亿人看得懂的方式记录下来，哪怕被一个人看到，我们的心就不再是孤独的了。

3.

现在新媒体平台对内容的需求又多又高，知识付费书评、影评，这几乎是对写作者最慷慨的一个时代。我身边好多个勤奋又努力的姑娘，靠着写稿子做公众号，买了房，去了想去的国家留学，到处旅行。

“为什么写作，当然是为了生活，再说得直接一点，为了钱。”

知名媒体人黄佟佟说自己开始写作的契机，是看到张爱玲用稿费买了口红。

张爱玲一生都在挣稿费：

生平第一次赚钱，是在中学时代，画了一张漫画投到英文《大美晚报》上，报馆里给了我五块钱，我立刻去买了一支小号的丹琪唇膏……

张爱玲一个月稿费折合银元四百五十块大洋左右，也就是说张爱玲每月的稿费可以买到九千斤大米，什么概念呢？相当于现在的月入四万，不算巨富，但要过看电影、吃大菜这种小资生活还真是绰绰有余了。

人生给长相普通的女孩儿留的另一条出路，是令人艳羡的才华。唱歌靠天赋、跳舞靠拼命，而写作似乎只靠一股脑儿地看和写就可以。

若再有一些追求，肯在写作中下功夫，或许就能实现财务自由。

事实上，追溯十九世纪职业女性小说家的兴起，其中一个很重要的激励因素就是经济，中产阶级妇女需要挣钱，这个观点被接受和认可经历了漫长的历程。

伍尔夫本人对于金钱的态度，代表了部分当时女性写作者的矛盾心态，因为写作的确改善了她的生活："自我结婚以来，这是我首度开始花钱。这口袋里塞的超过我平常每周的十三先令——过去这十三先令多半总是花费殆尽，或是遭人觊觎——现在却有种很是优渥的感觉。"

她也激励同行努力写作："凭你们的聪明才智，你们每年也能挣到五百镑。"

无论是张爱玲、伍尔夫，还是黄佟佟们，我们在她们身上真能看到一件事：写作真的可以帮助一无所有的女性过上美好而高贵的生活。

我们对于世界的认知，对于生活的体悟和克服，是不断流动不断变化的，但由于生活烦琐，那种感觉稍纵即逝。

但如果我们拥有一支笔的力量，我们就能在回溯中看到自己是如何一步步走到了这里的。你受过的苦，你得到过的帮助，你的人生，不会是乏善可陈的节点，而是丰富的画卷，你打开一个又一个小细节，就能重温当时的“小确幸”或“小确丧”。

如果你刚开始准备写的时候，担心自己写得不够好而不愿意下手，我有以下几点心得跟你分享：

第一，手应当不停地写。

第二，不要删除。

第三，别担心拼错字、标点符号和文法。

第四，放松控制。

第五，别思考，别想着要合乎逻辑。

第六，直捣要害。

沉浸在当下，活在当下，世界才会真的活过来。重要的并不是你写了什么，而是你持续在写。别担心才华不足，时间会积累你的才华、你的知识。

你能得到的有很多：

第一，表达自己。锻炼自己语言表达的能力，在斟酌词句中懂得更恰当的沟通方式，对思维形成系统的训练。

第二，形成稳定的输出。瑞·达利欧在《原则》一书中提出，自己喜欢把自己的原则分享出来，因为他觉得能够用总结的经验帮助别人，对自己来说也是一种进步。

第三，让你懂得远离舒适区，向前一步。人在知道自己对于一项事物不了解不熟悉时，会有非常强大的求知欲。长久的写作会让你觉得为了不掏空自己，你必须去学习更多的新知识。为了给出一杯水，你必须拥有一个池塘。

4.

看书是在别人的命运和经验中拼命摄取的一件事，仿佛按图索骥，把生活中遇到的问题放在书中索引，再内化成自己的力量。

健身是在挥洒汗水中明白一分耕耘一分收获。凡是想要得到的都艰辛，想要放弃的都容易，幻想如村上春树一样，只要跑下去，意志力就还在，还可以四处旅行听爵士音乐写小说。

写作是靠自己的个体经验来对抗强大的生活，不肯被打垮。哪怕哭着，也要在手机备忘录里记下，终有一天，我会成为更好的人拥有更好的生活。写作是“终有一天”的好伙伴，它不允诺一定会陪你到达终点，它能承诺的是，只要你愿意，它会从任何地方跑出来。

不记得在哪里看到过这样一句话，分享给你们——

好好写作吧，亲爱的，这是最重要的事。这是超越存在之虚无的，是一个人挣脱一切被强暴、被赋予的属性而绽放他的唯一办法。

没有谁的工作是不委屈的

成熟就是懂得把成长调成静音模式，默默积累经验，期待与那个更强大的自我相逢。

1.

没有谁的二十几岁是轻轻松松的，也没有谁的工作是不委屈的。

我们常常艳羡或畏惧办公室里那个来去如风、杀伐决断的女强人，却忘了问，她是如何一步步走到现在的。

有实习生跟我吐槽："七天姐姐，我突然不想工作了，实习的过程觉得好委屈啊，有些事明明是项目中其他人的工作部分，却被同事使唤着去做，最后老板问起来时，全是他们的功劳，一点也没提我的名字。”

我问她：“那你有没有在工作总结中提及你做了哪些部分，主要付出了哪些呢？”

“没有呀，我想着同事肯定会在总结中提到哪个工作是由我来做的。可是没想到他把功劳全都揽了去。”

我笑了笑，跟她说：“正常。”然后又继续说，“我这么说你一定觉得我不近人情。但是我想告诉你，职场中你做了什么，没有人会替你转达，你要通过自己的方式展示出来。如果你是新人，又不懂得维护自己的利益，让老油条们知道你的底线，他们只会把你当作好使唤的实习生，不会对你多一份忌惮和尊敬。职场中的利益，靠别人给太不现实，你要靠自己去挣。”

小朋友觉得委屈：“不是有付出就应该有收获吗？领导难道没看到我那几天天天加班吗？”

“领导看不看得到是他的事，看到后说不说也是他的事，但是你工作汇报写不写就是你的事了。做好你能做的所有事。职场看似是不公平的，但其实也公平，只要你在你的位置上足够稳定，再做出一点出彩的事，领导早晚有一天会看到你，也会给你机会。参与一个项目，除了能得到的奖励，更重要的是学会更多的技能和经验。”

《杜拉拉升职记》中，杜拉拉临危受命，接了公司装修的大任务，她的上司只给她加了五百块钱，还告知她是经过特批的。比起她的付出来说，必然是不值当的，可是她通过这个漫长的工期让更高级别的领导发现了她的精干，让她在各部门协调中得到了历练，并且看清了公司的脉络结构。

所谓的得到，除了工资、绩效、奖金这些切实的东西外，别忘记了还有最重要的一项——经验。

2.

想起前段时间，我自以为在职场浸淫了四五年，早已驾轻就熟，没想到也成了背锅侠，最后只能用“对不起”三个字堵住了对方的悠悠之口。

那是在一次活动中，对接的姑娘太凌厉，活动前我已经安排好了对接媒体的同事，等活动忙完，发现居然在群里被点名：“你为什么不发媒体资料呢，难道你们的工作水准这么差劲吗？”我刚忙完整场活动，累得筋疲力尽，看到自己被点名鄙视的信息简直要炸毛。

但也并不是自己没有失误，负责对接的同事资料发得仓促，作为负责人的我并没有确认资料就让她发了出去。我一边联系同事一边在群里沟通，但对方依旧不饶，我立马做了一个回应：“对不起，是我的问题，请您尽快把资料给我，我来跟进。”

在自己已经把工作安排好，却发现执行没到位时，除了在心里气一气，表现在脸上的只能是歉意，对于有了一些工作经验的人来说这是一件有点心酸的事。

当你一无所有时，工作中被人指点，会觉得无所谓，但是工作积累到了一定阶段，懂得了各项流程，做过了一些成绩后，闭上眼都知道流程该怎么走。但安排是一回事，执行又是另一回事，在这期间的各种缝隙里，若不是步步紧盯，出现的任何差池，都是策划者的问题。

这样的事，在我刚开始工作前三个月的时候也遇到过，明明自己做好了安排，但执行的人却没把工作做得精准，最后领导过来批评我，我委屈地哭了。领导依旧训斥我："你哭什么，不是因为你哭得最大声，你就比别人做得好；不是因为你特别不容易，你就值得被善待。坐在这个办公室里讨生活的人，哪个是容易的。想成为一名职业女性，想走得更远，眼泪是不顶事的，收起你的抱怨和委屈，让别人看到你的靠谱。"

比起短暂的委屈，更重要的是如何从失误中历练出来，如何看菜下碟，懂得审时度势，在该坚持原则的时候选择坚持。

成熟就是懂得把成长调成静音模式，默默积累经验，期待与那个更强大的自我相逢。

3.

同事菜菜也曾问我："领导交给我的工作，我都在努力做了，只不过在还没做完的时候就没有跟他说，但是最近领导好像觉得我工作有点怠慢。"

我突然想起刚工作的时候，有次领导下班前来问我要活动的设计图，我说还没完成。其实当时已经完成了一版图，但我自己觉得不满意，于是让设计重新修改。

当时领导有点无奈地问我："这个工作有那么难吗？"

我急忙说："其实已经出来一版图了，我觉得不太好，让设计重新修改了。"

我本来想把攒了两天的工作一下子交给领导，觉得这样给领导更显得成绩满满，然而她并没有表现出意料之外的欣喜，反而表现出了无奈。

领导说："你可以先去修改，但是你要让我知道你的工作进展，不要等我来催你。"

从那件事情之后，每当有同事来问我时，我都会将过往的经验和盘托出。每次有比较紧要的工作时，或者在大一点的项目实施过程中，我都会主动地在重要阶段给老板一些信息，就算过程再顺利，也要让他知道进程如何，把这当中的节点给他。最后出结果的时候，我也会及时地通知他，免得他不放心。

4.

比在工作中得到的短暂的快乐，我更希望把工作当作一种终身的学习和成长过程。

世界知名心理学家、积极心理学的奠基人之一米哈里·契克森米哈赖写过一本书叫《心流》。在书中他提到，我们想要达到的最接近幸福的体验，也就是最优体验，常常是发生在工作中的。

符合最优体验的行为，往往有这八种特征：

第一，面临的是可完成的工作；

第二，全神贯注于这件事情；

第三，明确的目的；

第四，即时的反馈；

第五，投入到行动之中；

第六，感觉能自由控制自己的行动；

第七，进入“忘我”状态，“心流”体验后，自我意识又变得更强烈；

第八，时间感改变。

研究结果显示，平均来说，人们处于“心流”状态的时间只有不到百分之二十出现在消遣时，也就是说，处于“心流”状态中的人们大部分都处于工作的状态。

所谓工作，与其说是一份能解决温饱的工作，不如说是赋予了人生最大意义的工程。我们像建造一座房子一样，学习砌砖，学习装饰，运用我们学到的经验和知识，让我们的房子更加华美而稳固。

选择一份有意义的工作，而不是被迫谋生；选择让自己主动觉察幸福，而不是被动地接受好坏忧喜。职业的路径有千千万万条，但千山万水走过去，最后还是“自己”二字。

如果你仍旧在工作中觉得委屈，请低下头来问问自己，这份委屈能不能让我快速成长，变成更强大的自己。

接受风险，选择成长，挑战自我，不要等着别人去选择你，而是自己去选择工作，即便当下有再大的委屈，也能成为日后最强的动力。

致努力

最有效的努力，是忽略努力

生活，就是用一种焦虑代替另一种焦虑，用一种欲望代替另一种欲望的过程。——阿兰·德波顿

高考结束后，我在微信公众号后台收到了不少高三读者的留言，大多数都在说自己的考试成绩不够理想，例如："为什么我都这么努力了，结果还是很糟糕？""没有考上心仪的大学，我感觉自己要完蛋了。"

当我们把努力当成神话的时候，势必要接受神话破灭的现实。

在知识付费兴起的当下，"斜杠青年"在各个平台上分享自己的写作和职场心得。在这种励志氛围的推动下，大家都渐渐习惯了用一种预设结论的形式来提出观点，用单一的套路去给出论据，用模糊不清的方法来解决问题。你很难明白"努力奋斗"的意义，仿佛

大家振臂一呼，明天醒来就会看到一个更好的自己。

1. 为什么你会“越努力，越焦虑”？

一个月前，一个已经在北京买房买车的自媒体圈中好友深夜给我发微信，说她很焦虑。

这位自媒体好友工作不到五年便与男友在帝都安家落户了，早已被我们这些好友规划到了人生赢家的行列。而她却常常感叹自己学历不高，但她这一步步走来也算是稳扎稳打，我不明白她为何还有层出不穷的恐惧和不安。

她意味深长地对我说：“可能是得到了一些东西之后会更害怕失去，越往上走，你越会发现身边的人更优秀，更努力。”

前段时间有个很热的话题：“北上广的人要月入多少，才能不焦虑？”

有公众号作者写过“月薪两万生活指南”，也有公众号作者写过“月薪两万的生活有什么可指南的”。

我们一边焦虑，一边沉醉其中。

《身份的焦虑》一书的作者，英国知名作家阿兰·德波顿说过：“生活，就是用一种焦虑代替另一种焦虑，用一种欲望代替另一种欲望的过程。”

我们与其被努力的欲望绑架，被别人的生活带着节奏走，不如沉下心来想想，如何过一种自己无论挣多少钱都足够自信的生活。每个人在不同阶段都可能感到焦虑，虽然它无法被消除，但可以被管理。

而管理好“焦虑”，并不是你足够努力就可以，而是要暂时放下你一朝一夕的小欲望，然后冷静下来重新确定你努力的方向。

努力只是你选择的一种生活方式，而非你为了达到某种目的的手段。

努力是二十岁左右的年轻人最应该具备的特质吗？

我觉得不是。

当所有人觉得谈论努力是一种政治正确的时候，我想换一个角度来跟你们聊一聊，在二十多岁的时候，我们最应该培养自己什么样的品质。

我认为是接纳自我。是懂得在拼命努力之后，仍然有勇气接纳不够完美的自己；是明白在人定胜天的一腔孤勇之后，也会有那么一丝不被眷顾的坏运气；是接受自己的懒惰、拖延、自私，接受自己并不像期待的那般尽善尽美。然后明白，虽然我们不够好，但仍旧可以按照自己的方式去生活。

其实，每一个过分努力的灵魂背后，都有一颗不愿接纳自我的心。

2. 人生是场接力赛，你却当成了百米赛跑。

马东在《奇葩说》中曾经说过一句话：“从人生这个尺度来看，没有浪费这件事。”

我有一个刚刚大学毕业的表妹，是一位多才多艺的女青年。时至今日我仍记得她曾意气风发地跟我讲，她如何以主席的身份给学弟学妹开会、做活动、安排工作。那时她的眼睛里散发着灿烂又明亮的光。现如今她考研失败，对我说话时那种失落的语气，就好像那些成绩从来没有存在过。

我问她："你觉得结果重要，还是过程重要？"

她叹了口气，说："我以前觉得过程重要，现在来看，还是结果更重要。"

我回答她："有时候你以为的结果，其实也是过程啊。你看你在学生会积累的工作经验，已经比同期毕业，毫无工作经验的同学多了不少优势，而且大学毕业是人生从游戏模式转化到生存模式的开始，一切都是广阔天地。"

一个真正努力的人是不会有"我正在努力"的感觉的。他会按照自己的节奏把事情做完，等回过头来看的时候，已经硕果累累。

让努力成为一种习惯而不是一种坚持，才是你真正通往精进之路的方式。

我认为高质量努力的人应该具备以下特点：

①延迟对自己所做事情的评价时间，不要因为中途的负面反馈改变自己的方向。

②形成有效的自我认知，避免外界评价过多介入。

③拒绝他人对自己的要求和过分期待，以更加宽容的态度接纳自己。

④具有更强的钝感力，形成自己的做事体系。

⑤吸引跟自己一样能进行持续性努力的伙伴，相互鼓励，共同进步。

3. 给你的努力定一个期限和目标。

我们常常会在定义努力的时候出现偏差，事实上，没有时间期限和目标的努力，都是战术上的小聪明，战略上的偷懒。

为什么时间期限和目标这么重要呢？因为只有确定了时间和目标才可能谈到有深度，有深度才有超额的价值。

在这个知识过剩的环境下，如果你没有时间期限和目标，那么你的努力就不能聚焦到一个点上，你学到的东西就是多个领域的常识，而这些常识是带不来优势的。

偶尔在健身房挥汗一小时，不叫努力，但如果你能坚持两个月规律的锻炼，并且配合适当的减脂餐，尽可能靠近自己的目标体重，这可以叫努力。

工作之余看一小时专业书，不叫努力，但如果你能对自己想要涉猎的专业做好调查，找到这个领域内评价较高的五本书，并在一个月内读完且做好读书笔记，这叫努力。

这也是为什么那些整天纠结于读书、时间管理、印象笔记的人没有大长进的原因。他们学了那么多的方法和工具，却从来没有真正用在一个方向和目标上。当然，你还要在这个方向和目标上去真正地做项目、完成任务，不断地反思和提炼，这才是努力有效的结果。

努力的意义在于增加未来得到的可能性，同时守护住自己当下的小确幸。

只有当我们避开了追求社会认同的陷阱，意识到努力对于自己的真正价值后，我们才能走上因为忽略努力而变得更加高效的道路。

你二十岁偷的懒，是你三十岁掉的坑

在你二十几岁的时候，你是有机会成为任何一个人的，但请努力，努力成为更好的自己。

1.

前几天在一个匿名分享平台上，一个三十五岁的大叔说自己应聘上了销售员，每天都要跟着一帮二十几岁的小年轻喊口号打鸡血。他抱怨地说："我都这么大岁数了，喊口号好尴尬啊。"

评论里有人回复他："那你怎么不觉得三十五岁做销售尴尬呢？"

并不是大家不愿意同情一个人的自尊心，只是当一个人过了三十岁还把自己陷入这种困境中，就只能说明他前期没有做好预防风险的准备。

TED 网络公开课上有个著名的演讲《二十岁光阴不再来》，很多年轻人看了这个视频后受益良多。你二十多岁的时光决定了你的事业、爱情、幸福，甚至整个世界，你的二十多岁是极简单却极具变化的时期。

人生百分之八十的决定性时刻都发生在三十五岁之前，这意味着在三十岁之前，我们就要学会抓住生活的重心，去尝试、去经历、去作决定，而不是等着被岁月推着走，走到一个无法回头的隧道里。

公司里有一个刚毕业一年的女同事，她很喜欢玩儿抖音。有次我和她一起坐地铁，在我顺手掏出 Kindle 准备看书时，她笑着对我说："姐姐，读书这种事好无聊啊，你看抖音多好玩儿呀。"

"是啊，我知道很无聊，但是读完一本书后，我的眼界会变得更开阔，原来这世界上还有那么多有趣好玩儿的事情。"

"可是我从抖音里也能看到很多新鲜的事情啊。而且看书好累，不想去花时间。"

我笑了笑，没再说话，那是别人的新鲜热闹，等手机屏幕一黑，就与你无关了。要知道，只有学到脑子里的东西，才能转化成自己的东西。

当然，并不是说一定要通过看书才能学到，我想说的是，要去坚持比价值"半衰期"长的事。

"价值半衰期"是采铜在知乎答题时提到的，在分析一件事情值不值得去做、要花多少精力去做的时候，可以从两个角度评估：一是这件事情在当下给我带来的收益大小，即“收益值”；二是这项收益随时间衰减的速度会怎样，即“收益半衰期”。半衰期长的事件，其效益可以累积和叠加，传递下去，就会成为奠定未来成功的一块块基石。

陶瓷兔子说过一句话：“人生有许多个十年，可如果刚好是十八岁到二十八岁，那就是一辈子。”

你害怕三十岁那年一睁开眼就是要还的房贷、要挤的地铁、要赚的奶粉钱。那么二十岁那年，你敢不敢放弃晚上喜欢的游戏局选择去图书馆，你能不能在下班后多看一小时的书？

读书，可以算是世界上成本最低的升值方式。而懒，是你通往成功路上的最大敌人。

2.

我在网上认识了一个三十岁出头的姐姐，她现在是全职带娃的妈妈，每天五点早起写稿子，已经坚持了一年多，生活像打了鸡血一样，活力十足。她看我前几天郁闷，便兴致勃勃地问我：“要不要一起早起打卡？”我纳闷地问她：“你怎么有这么多精力呢？”

“能有什么办法呢？我现在要带娃，只能挤时间来做自己想做的事。以前只顾着上班，没有发展自己的其他技能，所以生完孩子后很焦虑、迷茫，幸好现在算是找到了航道，三十岁才知道自己真正想干什么，虽然晚了些，但总比一直不知道要好。二十岁浪费掉的时间，现在只能一点点补回来。”

二十几岁的那些年，我们总觉得时间很丰厚，机会很多，未来可期。今天不想做的事那就明天再做，今年不想学的技能明年再学，眼下要美要买要恋爱，有太多光鲜亮眼的 To do list（待办列表），有太多能够 Kill time（消磨时间）的乐趣。再不济，找一份安稳的工作，这一辈子都能稳稳当当，有着落了。

我有一位做程序员的朋友，工作七八年了，一直都很满足于自己的工作。虽说有时候会加班，但好在人际关系简单，薪水丰厚，早早买了房，娶妻生子过得不亦乐乎。但没想到前段时间他跟我联系，上来第一句话就是："我失业了。"

什么？历来工作最稳定的程序员都能失业？

细问下来才知道，并不是他工作不努力或是跟同事领导有矛盾，而是因为他写代码的语言已经逐步被市场淘汰了，更是因为他把下班后的时间都留给了家庭。在成为一名好丈夫好父亲的同时，也逐渐成为了不思进取，在工作上没有突破的落后者。

离职时，他一个一米八的壮汉眼圈通红，毕竟他扛着一个家庭的重担。可是市场不考虑这些，公司更不考虑，它在意的只有你能创造的价值。

并不是大家不同情弱者，只因这就是世界上的规则，兜兜转转，只为强者存在。

3.

并非所有二十岁偷过的懒都无法弥补，只是你必须更努力更坚韧，目标更明确，要对自己更狠才可以。

我有一个胖了二十九年的朋友，她在三十岁的临门一脚前决定：我不可以再胖了。

“如果别人都能瘦下来，那为什么我不能呢？”想到这里，她开始减肥，而且并不是三分钟热度，她有计划有条理地列出了自己的需求、可利用的时间、还有适合的方式。

她公司有健身房，中午去慢跑五十分钟，推掉工作日晚上的应酬，买了一组瑜伽垫在家里做运动。她合理利用时间，严格控制饮食，就这样她也并没有在短期内瘦下来。

你看啊，梦想很骨感，现实很丰满对不对？

因为身体机能的变化及新陈代谢的减缓，三十岁开始减肥比二十岁时要艰难得多，于是她想明白了一个道理，与其盯着体重秤上的数据，不如盯着自己有没有坚持有规律的运动和饮食。

结果就是，三个月，变化很小；六个月，体型有了明显变化；一年后，她终于穿上了自己喜欢的鱼尾裙，现在她比二十岁那会儿更自信了。

所以说，目标并不是那么快就能实现的，你要足够坚毅，也要足够相信。

三十岁会是更好的二十岁，但只有真正自律的人才有资格说：“我配得上更好的三十岁。”

说到这个，很多人都开始慌了，怎么办，那我现在是不是应该抓紧学英语，抓紧换工作，抓紧学习一项新的技能呢？

梦想可以临时起意，可是目标却要认真规划，不然梦想也只能成为一个梦而已。想想我们定了多少次目标，又有多少次打脸呢？

计划要六点起床背单词，可是背单词究竟是为了什么呢？是打算考雅思出国，还是在换工作的时候给履历加分？想不清楚为什么的时候，任何努力都不会指向一个好的结局。

在决定启动实现新梦想计划之前，你需要问自己三个问题：

我热爱什么？

我擅长什么？

什么能为我提供经济来源？

如果只热爱不擅长，就处在“穷开心”的状态。如果只擅长不热爱，就是“有钱无聊”的境地。而如果热爱但赚不到钱，那就真的只是个梦了。

既热爱又擅长，还能提供经济来源，可以说是最完美的职业了。

最近我看了一本书叫《只管去做》，作者给出了一个判断你应该怎么选择，培养哪个习惯的方法，因为一般驱动人去做一件事的内核有两种，一种是热情，一种是痛苦。

我们可以列一个表格，分为热情、痛苦和时机三个维度，以十分为满分进行打分，来判断哪个是自己真正想养成的习惯。

在足够有限的时间里，你一定要挑选内心真正渴望的，而不是任由自己的心跟随大众摇摆的习惯和目标。时间管理做的是减法，而不是加法。“斜杠青年”的标签越来越流行，但它更多的应该是一种探索路径，而不是最终目标。通过发散思维多尝试几种工作，从而挑选出真正想要持续下去的。花更多的时间和精力提高自己的核心竞争力，而不要满足于某个头衔，任何一个拿出来都是半瓶子晃荡的业余水平。

年轻时，总觉得这个世界配不上自己，它太糟糕了，而自己有无限生机可以挥霍，可以创造。但是慢慢地我才发现，其实是自己的努力配不上自己想要的那个世界。

在二十几岁的时候，你是有机会成为任何一个人的，但请努力，努力成为更好的自己。

二十五岁前，请逼自己成为这样的人

人要先感到幸福，才能看到玫瑰。——李诞

最近在 TED 网络公开课上看了一个名为《二十岁光阴不再来》的演讲，里面探讨了“如何度过青年时期”的问题。作者用自己的亲身经历告诉大家，二十岁不把握光阴，就是让三十岁后的自己陷入危机。

这让我想起最近有很多一九九五年出生的人在抖音上汇报自己的人生进步条，有人结婚了，有人离婚了，有的人还在单身。

一九九五年出生的人有什么特别的吗？今年刚好二十五岁，正是二十岁到三十岁的中间地带，一旦努努力，或许就会有一个光明的未来。一旦泄了气，或许就要为之后的碌碌无为埋单。

我今年二十五岁，在平庸的日常中，学会了这几件事，想跟大家分享。

1. 成为一个随时懂得输入的人。

要想给别人一杯水，就先让自己拥有一个池塘，而且还需随时补充，时刻保持丰盈。

定期整理自己的书架，对自己摄入的知识查漏补缺，也要随时修订自己的计划。举个例子来说吧，本来打算这个月多看经济方面的图书，结果发现书架上看得最多的是小说，这时应该及时转变轨道，重新回到经济知识的补充中。

尝试和层次高于自己的人沟通，一开始虽然会很困难，但是要姿态体面，不卑不亢，让别人看到自己的优势。如果你是个擅长写文案的人，或者你是个很会做设计的人，那么在沟通中一定要让对方看到你的闪光点，不要害怕被拒绝，拒绝本身就是被接纳的前奏。

要勇敢为自己想做的事向前一步，得到别人的提点后要懂得表达感谢。

2. 成为一个会管理情绪的人。

你二十五岁了，不能再凭意气行事了。二十岁出头的时候，犯点小错误别人可能会看在你年纪小的分儿上宽容一点。但二十五岁前，请务必懂得谨言慎行，懂得自持，懂得分清利弊，不要让情绪主导你的生活。

别再把抱怨包裹成经验强塞给别人了，不要在朋友圈发一些希望某些人能看懂并且过来安慰你的可有可无的话了，能真正解决你焦虑的方法只有一个，那就是尽力做好你自己的事。

3. 成为一个持续学习的人。

二十五岁这个年纪对大多数人来说，职场新人期已过，大家在能力上的比拼已经不相上下了，岗位的基础职能谁都可以扛下来。接下来要观望的是你的附加技能和你的技术能力。

比如，同是营销岗位，同事 A 会做 PS，排期紧的时候她可以上手做海报。同事 B 会做视频，在视频日益火热的营销模式中，他的技能可以大大加分。如果你还固执地守着自己的一亩三分地，那很有可能会面临淘汰。

我很喜欢一个视频博主，她叫竹子，自信、洒脱，经常拍 vlog（视频博客），还跟自己的好朋友开了一个电台《喷嚏》，讲各种新鲜有趣的话题。她说起自己的秘诀就是，每天都要学习新的、有意思的知识，像孩子一样体验世界。

当你觉得世界越来越有趣时，你就不会想着只在爱人身上消磨时间了，不会浪费时间去琢磨别人是怎么想的，而是让他们去琢磨你是怎么想的了。

你必须利用一切可以利用的时间，去创造肌肉、增强脑力，去学习你需要的任何东西，理解别人发现的世界，去用你的想象力创造自我。不要与别人谈论他们没有的东西，学会自我交谈，积累自我成就，感受那些成就所表现出来的能力，理解那些能力所蕴含的力量，那就是你真实的力量。

4. 成为一个会列清单的人。

所谓的清单，既可以是一生的愿景，也可以是一天的目标。

二十多岁的时候面临的烦恼很多，每天都有看不懂、想不通的难题，但你仍要试着思考各种烦恼的事，而不是逃避它，因为这样会带给你灵感。养成随手记录困惑和感悟的习惯，便签里的每一条记录，都是不可忽视的成长点滴。

松浦弥太郎在《二十五岁，如何规划你的人生》中也提到过，“养成列清单的习惯，能让自己学习观察，洞察事务的本质。”

在通勤路上，我列出了近期使我幸福的十个清单：

①睁眼即起床，不在床上浪费时间。

②每天固定写作一小时以上。

③每周看三本书以上。

④每天锻炼一小时以上，中午蹬椭圆机，晚上练瑜伽。

⑤每天按摩脸部五分钟，消水肿。

⑥每周一写下一周清单。

⑦忌吃甜品和零食，从改变饮食结构和喝水中得到快乐。

⑧每天提前十五分钟到公司，做好一天的准备工作。

⑨多参加有趣的活动，比如公益和桌游。

⑩尝试多做一些人的采访，比如近期做了作家另维的采访。

5. 成为独一无二的自己，并爱上他。

真正地接纳自己，爱上自己，有多么奇妙呢？我觉得它激发出了我的最大能量，让我愿意在绝望中等待，在失望中坚持，让我看到波澜壮阔的大海和朗朗月光。

不是每个女孩儿都有机会当公主的，但所有女孩儿都有机会靠自己的力量成为自己世界的女王，去什么地方，做什么事情，爱上什么样的人，都是从自身的欲望出发的，所以你要为了自己的野心拼尽全力。

我们都不完美，却依旧值得被爱。

“人要先感到幸福，才能看到玫瑰。”我非常喜欢李诞的这句话，它告诉我们幸福是向内求的。

我曾在知乎上看到过一个对不上进的人的描述：“他们为现状焦虑，又没有毅力和决心去改变自己。他们不曾经历过真正的沧桑，还失去了最后一点少年意气。他们以最普通的身份埋没在人群中，却过着最最煎熬的日子。”

二十五岁之后的焦虑和绝望，都是没有具体为自己立下原则的结果。你我身边有很多这样的人，但我们逆流而上，选择努力和奋斗，不就是因为不想成为这样的人吗？

我特别喜欢《小妇人》中的这句话：“我们的包袱在这里，我们的路在前面，而对于善和幸福的渴望指示和引导我们经历许多困难和错误，直到我们获得安宁，那真是一个天国。”

最怕你什么都没做，却想要撒娇求抱抱

成为 Hunter（猎人），而不是假装 Loser（失败者），才是一个年轻人最昂扬的姿态。

1.

即便我们把罗曼·罗兰的“真正的英雄主义是在看透生活真相之后的依旧热爱”引用无数遍，但大多数时候，我们还是无力承担生命之重。

前两天，我因为好奇进了几个“夸夸群”，潜伏在群里看众人的花式吹捧，但是看来看去却发现处处都透露着两个字——“尬吹”。明明是不熟悉的陌生人，谁也不知道你现实中的境地，事业发展好

坏，恋情是否进展顺利，却硬要把你吹成只应天上有的小仙女，而且一看就是复制粘贴的网络词语，毫无真心可言。即便是这样，多数人却还是心安理得地享受这种赞誉和认可。

这种群就仿佛一个大型的“安慰集中营”，在生活中失意或者不那么乐观的人在这里都能找到同类。

但这些人真的是同类吗？有些人潜伏在群里是为了寻找商机，淘宝的专业“夸夸群”已经可以月入几万了，你得到的那些廉价的安慰正在换算成丰厚的物质回报。在这里，有些人是为了消磨时间，还有一些人只是为了寻求短暂的认同。

2.

跟我保持紧密联系的读者并不多，大家都是来来去去，不喜欢就取消关注了。这样的情况其实我是理解的，因为每个人的成长速度不同，而且面临的人生时刻也不一样。

我对一个小读者印象很深，她年纪跟我差不多大，但她生活在东北的一个三线城市，第一次跟我聊天的时候男友刚刚跟她分手，她搬家时找前男友帮忙。她对我说：“虽说分开了，但情分还在吧？可是，七天姐姐，他说他忙，让他的朋友过来。你说，他是不是真的不爱我了。”

我当时正在加班写项目，只是回了一句："或许他真的忙呢？"

她冷静下来回复说："我好像从来没想过这种可能。我只是太在乎我的情绪了。"

之后这件事就这样过去了，我们在平行时空里过着各自的生活。

到了几天前，她又发信息跟我说："七天姐，我决定去北京工作了！"

之后细细说来我才知道，她纠结很久后决定脱离舒适区，来大城市追求自己一直以来的梦想。于是她独自一人北上，面试了很多家公司，拿到了两家公司的录用通知书，最后从中挑选了自己更喜欢的一份工作。

"不能给自己设限，出去见见世面也好，一辈子，不留遗憾。"小姑娘坚定地说。

我看着这个为情所困的少女长成了一位把选择权放在自己手上的大女孩儿，并且因为我自己写过北漂的相关经历，又被别人当作一种动力，觉得与有荣焉。

这让我想起前几天跟一位创业的姐姐聊天，他们刚刚在网上经历了一场关于小说版权的争斗，整个团队都遭遇了前所未有的质疑，事情的前因后果成了一场罗生门，只能诉诸法律，等待结果。

我悄悄问她："做图书和做新媒体，哪个累啊？"

她回复我说："各有各的难处，但也都有不错的地方，痛并快乐着。"

我在心里默默为她鼓了个掌。

成年人的世界里有柴米油盐酱醋茶，而且更多时候是苦多于甜。

生活难免会有突如其来的打击和冲突，但你不能倒，也不能认，你得有保全和证明自己的方式。哪怕此刻把委屈打碎了咽在肚子里，也不能凭着“撒娇委屈求抱抱”获得通关绿卡。

我们早已看透了，生活的捷径就是没有捷径。

3.

斯科特·派克在《少有人走的路》中开篇就写了这样一段话：

人生苦难重重，这是个伟大的真理，是世界上最伟大的真理之一。它的伟大，在于我们一旦想通了它，就能实现人生的超越。只要我们知道人生是艰难的，那么我们就再也不会对人生的苦难耿耿于怀了。

我见过太多人的迷茫、纠结、爱而不得，包括我自己的。

但是解决问题的方法不是情绪，不是安慰，不是拥抱，而是方法论，是日复一日的执行力。

其书中还写道：

解决人生问题的首要方案，乃是自律，缺少了这一环，你不可能解决任何麻烦和困难。局部的自律只能解决局部的问题，完整的

自律才能解决所有的问题。

难道说完了“求抱抱”真的可以得到贵人相助吗？

才怪咧。

有情绪没魄力的人，怕只会让那些站在高峰的人避之不及。

美团的王兴分享过一个故事，他们有次开会，结束时需要用一个软件做整理，他问一个小姑娘会不会，小姑娘给了他四个字，“我可以学”。

我觉得这才是能被“贵人”记住的话吧。虽力不能及，但毫不怀疑自己的潜力。

看多了大家抱头伤感，相互求安慰的场面，多多少少觉得有点腻。可能有一些小朋友会习惯地说：“我们才不是撒娇，夸夸抱抱只是我们生活的一种方式啊。相互取暖不好吗？”

相互取暖当然好，我一向喜欢那种人群中冒出来的蓬勃感和烟火气。但前提在于，你们是并肩作战过的伙伴，抑或是相处多年的好友。

大多数时候我们缺的不是鼓励和安慰，而是尽快摆脱困境的方法和行动力。

张佳玮曾经在知乎上写过一篇文章《我们是最辛苦的一代人吗？》，其中有这样一段话：

每一代人觉得自己最苦，是因为人很难完全同理心到感受他人

的苦。人最多只能观察他人，想象他人的痛苦，但没法子亲历到他人的痛苦。

同病相怜这个成语因此意义非凡，只有得了同样的病，才能体会到彼此的痛苦。

大多数人觉得“我这么苦，别人那么轻松，不公平”。其实别人的苦，你未必看得见，你看得见、接触得到的人，大致和你都在一个阶层，那么各自的苦，也相差不远。毕竟在这个时代，大家都在尽力显得光鲜，隐藏痛苦，所以你别太当真。

我喜欢的那种撒娇，是大家在事情得体完成之际，娇嗔地说一句“哎呀，真不容易呢，你快夸夸我”，而不是走投无路时随便抓住什么就以为是救命稻草的撒娇。

在讲不通道理的时候撒娇，在想推卸责任的时候撒娇，在不愿意努力工作的时候撒娇，这都是在烂泥里打滚的行为。很容易演化成撒泼和无理取闹。

如果你仍对生活充满热情与期待，就不要拿大好的时间来相互怜悯。受得了委屈，才能把心撑大，承受得了压力，才能把世界撑大，真正的生活是拳拳到肉的。

成为 Hunter（猎人），而不是假装 Loser（失败者），才是一个年轻人最昂扬的姿态。

所以，年轻人，别向虚空投降，其实我们好着呢！

为什么现在好多年轻人都这么丧？

忙，是治愈一切矫情的良药。

1.

前同事浅浅跟我抱怨："七天，我又准备辞职了。这段时间我真的觉得自己很糟糕，工作不顺利，写不出稿子，跟大家聊天的时候也只想抱怨，什么公司不重视啊，领导不理解啊，自己憋屈啊，等等。工作没有什么成就感，也就顺其自然了，下午我会去公司天台上待一会儿，再去快递室取下快递，顺便买杯咖啡，反正工作中得不到满足感，不如就放任自己轻松一下。这段时间我真的感觉挺丧的，工作上找不到成就感，自我效能又发挥不出来。想要放松，可最后的结果是，越放松越迷茫。”

浅浅是最近一周内第三个跟我说准备离职的九零后了，他们开口不到五句话，就会出现一个关键词，我好丧。

其实前段时间我也有过这样很丧的时刻，挺迷茫的，总觉得是自己哪里有问题。但发现问题的时候其实有点晚了，它源自我跟朋友的一次聊天。

这半年内朋友自己创业，虽然一开始很难，但挺过去之后，已经开始慢慢盈利了，最艰难的时候他一天睡三个小时，满脑子想的都是“我第二天醒来怎样赚更多的钱”。

我对这位创业的朋友说：“我的欲望好像没有那么强了，不那么想赚钱。”

“那你最近获得的满足感是什么？”

“满足感吗？好像真的没有。我的人生现在没什么可以拿得出手的成绩。”

“这就是你的问题，你不是丧，你只是闲。没有创造力的生活没有任何意义，你不是使劲琢磨人生意义了吗？可意义不是想出来的，是做出来的。”

我恍然大悟，在你迷茫的时候，吃力的时候，要做的不是停下来，而是咬牙坚持挺过去。因为如果你停下来了，你不一定能看见繁花，但一定会停在谷底。

任由自己留在谷底，其实是一件很可怕的事情。我想起一个词叫坐井观天，大致就是那样的感觉，你以为这已经是你看到的极限了，可是这只是一小片天空而已，外面辽阔美好的世界，你的目光还未触及。

2.

我在微博上看过一个街头采访，一个男生说，他的舍友告诉他，超过五块钱的社交活动不要叫他。所以他们出去玩儿的时候，他的舍友就独自一人待在宿舍里打游戏。他不是不想出去玩儿，他只是没有钱。

穷，应该是很多年轻人“丧”的最主要原因吧。

如今九五后甚至零零后的大批人都进入了创业市场，一方面看是有希望有活力的，但从另一方面来看，他们是被迫上了赛道，站在起跑线上，眼看着一些人遥遥领先。

我上大学的前两年，大部分同学的兼职主要还是做家教或者去超市做促销，能去肯德基、麦当劳的不算多，因为这已经算是某种体面的兼职了，且名额有限。

但是现在很多面向大学生的文章，都会以一种高姿态来告诉大家，不要去做服务员和家教这些无意义的工作，这是在浪费自己的青春。

事实是，在三四线城市的大学，有很多大学生根本没有那么多工作机会，也根本没有太多的选择，而且有很多学生是贷款上的学，他们想的是能利用课余时间挣点钱，就能为家里减少点负担。

我大学时的生活费是一个月五百块，谈恋爱的时候要攒两个月的生活费坐硬座去看恋人。我从大三就开始实习，挣的第一个月工资给自己买了一套玫琳凯的化妆品。

穷太可怕了，它不仅能困住你的脚步，还能困住你的视野。如果你觉得自己没办法战胜它，就只能坐以待毙。

可是穷又没有那么可怕，身穷但不要心穷，为生活找方法而不是为贫穷找借口，总会有属于你的机会。

3.

还有一个值得一提的是，年轻人的情绪管理能力。

我发现现在很多文章传达的信息都是即时满足的，里面的内容也都是以情绪宣泄为主，而不是提供解决实际问题的实用方法。

在这个世界里，你要想走得更远，没有别人能帮你，只有你自己。

你要学会自己平复情绪，恢复能量，增加自己的抗压力，疏通自己的内心，增加自己的业务技能，朝着自己的目标一步步前进。发泄情绪或者祈求别人的关照只是内心戏，放下自己必要的工作沉迷于网络，也只是一时的逃避，甚至连爱情，也成为平凡生活下的避难所。

生活不见阳光的时候，起作用的并不是情绪，而是能力。有句非常实用的话跟大家分享一下：“忙，是治愈一切矫情的良药。”

你要认真投入到自己当下的工作和生活里，而不是任由情绪蔓延，让自己成为心情的奴隶。我们要做的是掌控自己的人生，而不是轻易地交出自己的选择权。

4.

最后一个或许也是最根本的原因，就是大家对“寒门再难出贵子”这个状况的“认命”。

哈佛大学著名学者罗伯特·帕特南教授有一本新书叫《我们的孩子》。在写作过程中，帕特南教授带着他的团队采访了一百零七个家庭，并翻遍了三十年来美国社会的各种统计资料，得出了一个残酷的结论：在美国，阶层流动几近停顿，穷人再努力，也出头无望。

虽然美国的情况不一定会在中国发生，但阶层走向固化是必然趋势，也是社会稳定的标志之一，它不以我们的愤怒、委屈、焦虑为转移。

很多已经有了孩子的同事，从孩子上幼儿园开始就已经焦头烂额了，因为择校和费用支出都不容小觑。我想起自己的学生生涯，真的就是一个普通孩子的求学路，从小学到大学，从来没有转过学转过班，父母也从来没有为我的学业操心过，就是顺其自然地从一个普通学校到另一个普通学校。

甚至在高三那年，我还面临过是不是还要继续上学的抉择。妈妈把我叫回家里，说家里拮据，如果供我上大学，他们压力更大。我哭着说自己想上，或许是妈妈见我目光坚定，自己咬牙把重担扛了下来，才没有中断我的学业。

如果以这样的标准来看，我也算是寒门学子，但是我的母亲从小对我的教导就是不要依靠别人，要靠自己的双手挣钱，要乐观向上。我不知道十年之后的教育行业会有怎样的波诡云谲，但我想道理应该是相通的，无论上升通道多么狭窄，无论落到个体头上的命运多么残酷，我们生活在这样的时代，放弃自己是万万不可的，而这样的时代也同样给了我们很多机会，我们没有时间也没有资格去“丧”。

物质贫穷是一时的“穷”，心理贫穷才是一世的“穷”，是无法改变的，渗入子女血脉的，穷人心态不摆脱，注定一世卑微、贫寒。

我们期待的一直都是最好的人生。年纪轻轻有房有车，轻轻松松瘦成仙女，真爱招之即来，有一个重视你的领导和从不找你麻烦的公司。

可是事实上，能获得这样人生的概率小之又小。

稻盛和夫在《活法》里说起过获得成功的方式，其中提到的一点就是："付出比别人更多的努力。"

这个世界上总有太多的不确定性，但是我们能做的，就是成为不确定性中确定的因子。

现如今好像有那么一些人，不愿意拼死拼活地向上爬了，觉得得过且过就能活得不错。如果在你面前有两碗鸡汤，一碗喝完让你相信努力就有收获，一碗喝完告诉你这个世界不会再变好了。"丧"的年轻人端起来的一定是后面那一碗。

"丧"的背后，是我们的懦弱。

我曾在微博中看到一个博主说过这样一段话："广告诱惑我们买车子、衣服，于是我们拼命工作买不需要的东西。我们是被历史遗忘的一代，没有目的、没有地位、没有世界大战、没有经济大恐慌，我们的大战只是心灵之战，我们的恐慌只是我们的生活。我们从小看电视，相信自己有一天会成为富翁、明星或摇滚巨星。但是，我们长大后却不会。这是我们逐渐面对着的现实，所以我们非常非常愤怒。"

这可能就是很多人"丧"的本质，不是因为真的讨厌乐观、成功、幸福，而是因为自己做不到，从而披上一个"丧"的外衣，对生活丧失信心，心生怨恨。

我在微博上还曾看到过这样一段话："这样的低谷，这样的危机，一定是我们这代人卡位的机会。长跑对你我来说都是一样的。可能在别人放弃、绝望、懈怠的时候，我们就偷偷卡位上去了，等他们反应过来，就再也追不上了。"

并不是每天你都会有那种坚持做自己特别棒的感觉，相反，大多时间你都沉浸在浮躁的世界里不断进行自我否定。然而，总有那么一刻，你会开心得想要飞，这不就够了吗？

人生本来就是一场马拉松，现在半场都还未过，所以我们都没有停下来休息的资格。

致情绪

失去自我有多可怕?

你配得上的一切，不是你当下拥有的一切。

1.

作家笛安的妈妈曾对她说过这样一句话：“一个女人，随着时间的推移，总有一天所有的人都会要求你去做妻子、做妈妈，可你不能忘了提醒自己，你还有才华。”

每当我觉得很疲惫很不想前进时，就会想起这句话。如果我停下来，我就要按照世俗标准去做一个妻子或者妈妈。可是我念了这么多年的书，只想成为我自己，实现我的梦想。

在成长中，有很多时刻会让我们失去自我，一不小心我们就会掉进这个社会和性别所设置的陷阱里。

前几天有一个读者对我说，她马上就要高考了，但是因为闺蜜关系闹僵了，所以情绪很差。原本是三个很好的女朋友一起玩儿，现在她被另外两个人刻意疏远了。这件事甚至影响到了她备考，她问我应该怎么办。

我说：“目前对你来说最重要的是什么呢？”

她说：“是高考。”

于是我又语重心长地说：“可是你为了这种并不明确的友情就把高考的重要性给忘了。你真的觉得目前处理好这段关系比备考重要得多吗？”

第一，女孩儿总是太过于看重感情和情绪，总是在情绪和事件中先选择情绪，再选择解决事情；第二，我们有时候过于在意感情本身，而忽略了其实感情也有好坏之分。好的感情能让你通过一个人看到一个更好的世界，不会让你去怀疑你们之间的关系亲疏。

我们对自己并不是那么有自信，常常需要通过跟他人的关系来自我肯定。这样的问题不仅存在于同性之间，也存在于异性之间，“他到底喜不喜欢我呢？”“我如果不为他来到他的城市，他是不是就不爱我了？”

曾经我也是无数个等爱女孩儿中的一个，等着恋人的电话，等着他偶尔夸赞一句“你好棒”。可那段恋情，最终以对方觉得我不够努力画上句点，在很长一段时间里，我都怀疑地问我自己，我是不是不够好，不够优秀，才得不到好的爱情。

我的朋友美味告诉我：“人最珍贵的两种品质，一种是喜欢自己，一种是喜欢别人。”没办法认真喜欢自己的人，就连给出的爱也会让对方觉得是廉价的，觉得是无人可爱才爱上了他。对方会珍惜吗？或许并不，他只会觉得你轻薄。

每个人对关系的选择，说到底，不过是重新完成了内心对自己的确认。面对我们跟周遭乃至身边各式各样的关系，有能力爱自己，有余力爱他人，才是让感情源远流长的真谛。

2.

一个毕业多年，在职场混得风生水起的姐姐跟我聊起感情，她问我：“七天，你觉得好的男朋友是什么样的？”

我说了一大堆的标准，有普世的，也有自己的小心思。她笑了笑又问我：“那你希望他如何对待你的事业？”

我说：“我肯定希望他支持我的事业，认可我的价值，能让我自由做我想做的事情。”

姐姐笑了笑说：“我从一名普通的职员成为现在的部门总监，常常会有人来问我，是如何平衡家庭和事业的。不仅女人问，男人也会问，仿佛女生能够一边照顾家庭一边实现晋升是件很不可思议的事情。我碰到这种问题都会直接说一句，‘这有什么难的，只要老公支持我的事业就好啦’。”

最后她语重心长地告诉我：“大家都喜欢看女人为了男人的事业牺牲自我、舍小家保大家的故事。可是我要告诉你，那种牺牲并不是伟大的，真正的伟大是在一个互相敬重的互助中，让妻子和丈夫都有实现自我的机会。”

知名评论人黄佟佟曾经说过：“有的女子明明是强大又能赚钱的‘阿尔法’女人，但骨子里还是遵循传统道德观念的‘贝塔女’，默认男人比女人强。可是现在社会上比男生赚得多的女生越来越多，却没有新的男女关系观念与新的现实相匹配。”

“阿尔法女人”用来指那些比男孩子更出色、更有能力的女孩子，而“贝塔女”相对应的则是更温和更顾家的女性角色。

如果你碰巧是“阿尔法女人”，却永远学不会享受自己的处境，欣赏自己的强大与优秀，把嫁人生子当作自己的第一追求，那么即便你既漂亮又会挣钱，脸上仍然会写着不甘与焦虑。

在职场中，我跟不同的妈妈们聊过天，发现她们很焦虑，无时无刻不处于想要顾全家庭，又不想放弃事业的两难中。

“明知现在这份工作没什么前途和上升空间了，可是现在有了娃有了家，哪敢轻易换工作啊。转行对于二十多岁的小姑娘不过是转眼间的事，可是对我来说却是伤筋动骨的。”

我们没办法说生孩子是女人失去自我的开始，但显而易见的是曾经的 Cindy、Marry，在生孩子后都变成了果果妈、壮壮妈。曾经只关心自己奋发而起的事业，现在牵动全心的却变成了孩子和家人，这没有错。只不过，因为生育使得事业停滞不前或者脚步迟缓，并不是所有女性都能接受的。她们纠结，甚至抑郁，大多原因都是想做一个好妈妈、好妻子，但是又不愿意放弃自己的才华。

其实你不必内疚，不必觉得自私。母亲是孩子最好的榜样，你在工作中追求自己的成功，实现自我的价值，会让孩子看到一个非常有进取心的母亲，你不必像全职妈妈一样事无巨细地去照顾孩子，因为你对待事业的模样，也会成为他的榜样。

3.

假期我躲在家里看了一部以中年女性为主题的电影《美食、祈祷与恋爱》，这个女主角在现实生活中一定会被当成疯子。她结了婚，有自己的房子、绅士般的丈夫和体面的工作，可是她却离了婚，毁掉了别人看起来美好的生活，而这样做只是为了寻找自我。

“我需要改变，我从十五岁起不是在恋爱就是在分手，我从来没有为自己活过两个星期，只和自己相处。”影片中，女作家朱莉亚·罗伯茨决心花一年时间自我放逐，她在意大利享受美食，在印度祈祷，最后在巴厘岛重新认识了爱。

这个电影还有另一个名字叫作《一辈子做女孩》。有人说女作家离开了爱，最后又获得了爱，那对她来说，真的找到自我了吗？

前者是被动接受，后者是主动选择，不一样的。你闯荡了一身风尘，看过了无数星星，才找到了最想要的那颗，和一开始只守着一颗星星相比，结果怎么会一样呢？

《下一站天后》中有一句这样的歌词："最后变天后，变新娘，都是理想。"

我刚开始听这首歌的时候，觉得无论是"天后"所寓意的更加强大，站在更加闪耀舞台上的自我，还是"新娘"所寓意的"跟他归家为他唱"的小确幸生活，都不过是一种选择。

可是年纪虚长了几岁后再听这首歌，发现这其实是一种能力。当你既有变天后，又有变新娘的能力后，才能在二者之间做出抉择。不然的话，只能是一种不得不去领受的结果。

我并不觉得把自己的幸福交付给别人不靠谱，但相比较来说，我觉得自己能掌握的幸福才更丰盛，更快乐。

失去自我真的很可怕，所以，请你努力，让自己成为有选择权的那一个。

你不是“作”，你只是还没有“被看见”

对一个人最狠的惩罚，不是对他拳打脚踢，而是对他无视。

1.

心理学家李松蔚曾经说过：“人的烦恼皆源于人际关系。”

最近我对这句话的感触很深。

有位朋友在豆瓣广播里发文：“人与人相处，不管是何种关系，只要懒得花心思去维护，再真心真意也都只是阴天的云，等太阳出来，说淡就淡，说散就散。”

的确如此。无论是跟朋友还是跟恋人，建立一段亲密关系简直太难了。人与人之间很难产生更加深刻的关系，大多数时候就是一瞬间的心动，一旦发现对方迟回复了一会儿微信，或者冷落了自己两三次之后，就会知趣地后撤。

如果计较起来，那么我们动不动就会成为别人眼中的“作”女或“渣”男。

跟同事聊天，她说自己曾经被安排过一次相亲，饭还没吃完就感觉相亲对象对自己有着异常的热情和好感，但由于自己是被家人逼着来相亲的，并没有马上有什么心思。

第二天对方又约她一起吃饭，她说自己早就跟朋友约好了一起吃饭。结果话还没讲完对方就挂了电话。她准备打开对话框再说一下，结果发现已经被对方删除了好友。

后来她从别人那里听到，说这男生对她的评价就是挺“作”的，明明都那么真诚地展示自己的诚意了，可她还是无动于衷。

我想起去年有次我跟之前没走到一起的那个男生再次见面，爱恨情仇都已看淡，竟然坐到一起分享起当年的心思，把当初的感情做了一次复盘。

“我们一开始明明那么好，为什么就是没走到最后呢？”

男生一开口就说：“对啊，后来你不就开始作了吗？”

“我哪里有作，明明是你后来不上心了。”

话说到一半我们又争执起来，只好相视一笑，转向了别的话题。

在一本叫作《我们为什么会分手》的书里，你可以看到每段感情都是罗生门，双方各执一词，都是对方眼中先“变心”的人。

我后来问过学心理学的朋友，她问我：“当时的‘作’具体是什么？”

我说：“就是我抱怨他来找我的频率变少了，话也变少了。”

“然后他就觉得你在指责他吗？”

“对啊，他会跟我说，‘我觉得一切都挺正常的，没什么变化啊’。”

“然后你就会很失落吧？觉得他说的正常只是一种敷衍。如果他当时说‘你是不是希望我们有更多能分享的话题，现在的情况是不是让你有点失望呢’，你是不是就会感觉不一样？”

“是的。”我斩钉截铁地回复，“他说我‘作’就是一句话的事情，然后就把我们之间遇到的问题都归结成了我的问题，可这明明是两个人沟通出现了问题，却显得是我在无理取闹。”

爱情中的孤独并不是对方跟你争吵，而是对方连觉得跟你吵都是一种麻烦，直接从根本上否定了你的行为。视而不见，充耳不闻，这种“不被看见”的情绪和状态才是最孤独的。

最近在听李松蔚的《洞悉相处之道》，在节目中他讲了一个案例，一个女生来找他做咨询，他随口说了一句“你剪头发了呀”。她的眼泪顿时流了下来，点了点头。这样一句话让她觉得很安慰，因为她剪完头发回到家的时候，老公完全没有发现她的变化。

在亲密关系里最严重的伤害，是日积月累的慢性孤独感。

任何情绪问题都源于沟通出现了状况。

对一个人最狠的惩罚，不是对他拳打脚踢，而是对他无视。

2.

前段时间在微博上看到一个口红测试，一个女孩儿说自己朋友的口红坏了，她男朋友立马给她买了一支新的。她拿这个事情问自己的男友：“如果是我遇到了这样的事，你会给我买新口红吗？”

男朋友讲了一番话，大致意思就是自己并不喜欢网上的那些求生欲测试，觉得真正的感情不应该拿各种测试来试探对方。

下面的评论分为两个阵营，一个阵营觉得男生回应得体，表示自己也不喜欢这种又要独立又要男友买买买的女友。另一个阵营觉得问这种问题的女生简直无聊死了，自己的口红不会自己买吗？怎么什么都指望男人。

虽然男生说得挺有道理的，但我还是觉得怪怪的。一方面是，也许女生并不是真的想要一支口红，她只是希望自己的需求被男友认可，即我遇到的事情，你愿意帮我解决。另一方面男生说太多道理，总会觉得没有什么爱。一个简单的情侣互动上升到原则问题，最后倒显得女生怪不懂事的。想必女孩儿当时的内心甚至可能会想到：“哎，我是不是很虚荣，是不是对他要求太高了？”

可爱情本来就是提出需求，解决需求的呀。如果你对这个人无所依仗，那怎么能分辨得出来这个人和其他人不一样呢？

作为被指责过的人，我也曾一度陷入过“我是不是脾气不好”的困惑中，然后在感情中变得小心翼翼、如履薄冰，觉得这样的恋爱无非是求得刀尖上的一点甜蜜，爱得艰难又拧巴，感觉自己像是干旱时节祈雨的人，得到一点点露水都觉得是恩赐。

我们在恋爱中讲求独立，但也不能放弃在爱中拥有的权利——表达自我，声明诉求。

如果连真实的自己都不被对方看到和认可，那么这点轻飘飘的爱，又如何为你抵挡未来的大风大雨呢？

我并不是在说，我们所有的需求都应该被无条件地接纳。只是我们在探讨或者在给一个人下定义的时候，从“我”本身的感觉出发，就常常会陷入一个怪圈：如果你的要求我觉得不合理，我就要指责你的需求。

但人和人不就是在求同存异中互相磨合的吗？在《毕淑敏心理咨询师手记》里，她提到人人心中都有一座魔床，这个魔床的名字叫作“应该”。

大多数的“作”，都来自于“你不该如此对我”。

人是追求理由的动物。其实所有的理由都来自我们心底的魔床，那就是我们对一些问题的看法和观念。它潜移默化地时刻评价着我们的言行和世界万物。相符了，就皆大欢喜，以为正确合理；不相符，就郁郁寡欢，怨天尤人。这种魔床，有一个最通俗最简单的名字，就叫作应该。有的人心里摆的少，有的人摆的多，多到拥挤得像个卖床垫的家具城。

你应该理解我，你应该知道我这句话是什么意思，你应该清楚地知道口红断了应该自己负责。

这些话是正确的。

只是这些话里没有爱，也没有理解和担当。

3.

爱一个人不是嘴上说出来就够了，而是要更加实际地表达，要在理解对方说出口的话时，也理解对方没说出口的话。

自我化是我们在沟通中常见的一种形态，其实简单地说就是自恋。我们更多的时候只在意自己的感受，而忽略别人的。

比如，你跟朋友一起去公园玩儿，如果觉得公园无聊，你随口就说了一句“这边没有想象中好玩儿啊”。可能对方就会想，这是嫌我选的地方无聊吗？然后内心就会有点难受，觉得不被朋友所认可。

我的家庭是很典型的中国式家庭，妈妈主内，爸爸主外，但是常常争吵不断。

每当我妈累到不行，抱怨自己太累，需要操心的事情太多时，我爸就会摆着臭脸回应："谁不累啊，我在外面也很累啊。"

然后我妈就会继续反驳："你累，那你怎么不回来工作。让我一个人照顾着老人，还要忙工作。"

一个想要被安慰，一个期待被理解。却在对方说出话后，觉得这些语言是对自己的抱怨和指责，然后本能地去反抗和解释。

不幸福的婚姻大多并不来自于外部的冲击和磨难，而是在消磨彼此的内耗上，把理解和宽容一点点地抽干。

我觉得在看待对方是一个什么样的人这方面，不妨给自己设置一个路径，避免对某些人直接下定义。

第一，不要先用负面的标签去标定别人，例如"作女"或"渣男"，即便对这个人有一些不同的看法，也要先去尝试理解他经历过什么或者真正的需求是什么，再去尝试沟通。

第二，当自己的需求被满足的时候，试着表达感谢，尽可能地给予一点回报。人和人之间的爱，是相互的作用力。

第三，练习心平气和地说"不"，要知道说完之后并不意味着关系的结束，而是清晰地说出了自己的需求。

相处是比相爱更难的一件事，最大的困难在于，真正接受对方和自己的不一样。因此，每一段能够走下去的爱情，都可能需要花好多年的时间，去接纳对方那些跟你不一样的需求，也可能要付出很多代价去忍让对方。

改变自己或改变认知，我们需要"被看见"的同时，也需要"去接纳"。

别人在体验人生，而你却越活越㞞

你不会找到路，除非你敢于迷路。

1.

怎么说呢，我觉得现在身边的人，包括我自己，都活得挺㞞的。

前段时间同事 K 喜欢上了一个姑娘，约见了几次之后跟我们自嘲说，虽然挺喜欢这姑娘的，但感觉自己现在实在太弱了，不知道能跟她走到哪一步，还是别耽误人家了吧。

可是我明明看到 K 在天台上红着眼圈，猛吸着烟，不知道他将来会不会感到遗憾。

还有个朋友想去旅行，可说了大半年，还是待在原地。我问他旅行计划得怎么样了？他刷着抖音说："我想了想其实也没什么意思，不就是拍点风景发发朋友圈吗？在抖音上，哪个地方的风景都能看到，又何必非要跑这一趟呢？"

等我给他看了一个做旅行体验师朋友的微博后，他对我说了实话，其实还是自己太㞞，想去旅行但又想东想西，担心老板背地里暗暗觉得自己工作量不饱和，担心出去玩儿一趟花的钱超支，担心外面的风景并没有期待中那么美好。所以还没迈出这一步，他就打算放弃了。

"能不顾一切地做自己想做的人，真好呀！"最后他感慨了一句，然而也并没有下定决心。

他太害怕失望了，也就避免了一切希望。

隔壁桌的同事每天都吐槽："今天也是想辞职的一天。"可是看完银行卡后，他又苦笑着说，"不了不了，今天也要认真地服务客户爸爸呢！"

如果他是真心享受这种工作的状态也罢，可事实上，他也会在上班途中浑水摸鱼，然后在快下班的时候说自己又要加班了，每天都没有时间忙活自己的事情。

他问我："你最近是不是也没时间看书啊？"

"是啊，感觉最近看书的时间的确不多呀。"

"你看，你这么爱看书的人都没时间，我怎么可能有时间呢？"

真气人，我一个月读十本书的时候你不比较，最近忙得没时间看书，反倒成了你心安理得不看书的挡箭牌了。

2.

前段时间我跟两个学姐一起回了趟母校，给学弟学妹们做了一个就业择业分享会。学姐 A 是我很熟络的朋友，关于她的事迹我也在《大大的城市，小小的我》里写过。她为了进入自己理想的公司，先在相关行业做了将近一年，之后才跳槽到了理想的公司。

学姐 B 是在游戏公司工作，我原本以为她只是个朝九晚五的上班族，谁知道听她分享的时候震惊了。她除了上班，每天还在写自己的小说，而且还是网站连载的那种，到现在已经写了五年多，连载的人气很高，即便一个月不更，也会有一两万的打赏收入。

原来除了很多表面上的“斜杠青年”，还有很多人在默默地发展着自己的多线事业。他们温柔而坚定，努力又勇敢。

吃饭时，学姐 B 聊起了自己刚开始写作时，也经历过没有打赏、排不上榜单的黯淡时光，学姐 A 打趣着说：“还记得你收到第一笔巨款的时候打电话跟我说的场景。”

学姐 B 说：“虽然看起来有还算不错的收入，可是我也为它付出了很多时间，我已经将近四年每天坚持早上六点钟起床了，差不多两小时更新三千多字，然后再去上班。就连我跟老公去度蜜月的时候，老公在开车，我也拿着电脑坐在后面码字。我们爬完泰山下来，老公躺在床上休息，我还要再打开电脑更新四千字。”她笑了笑最后说道，“没有一件事情是容易的。”

学姐 B 是一九八八年的，到今年刚好是而立之年，事业有成，副业稳妥，跟老公岁月静好，在旁人看来言笑晏晏。可是没有人会问，为了这样的生活她付出了多少精力。

很多人大多时候只会以“哎呀，人家运气好”“人家有才华，我是比不上”等酸溜溜的话给自己找理由。然后一想到早上六点钟起床，想到旅行完回到酒店等待你的是要写四千字的稿子，就㞞了。

我们多数人不是不知道什么是自己想要的生活，只是没有勇气和耐心去选择那样的生活。也许会很甜，但也会很苦。也许会很热血，但也真的艰难。

我前面提到的旅行体验师是我的一个朋友，她叫另维，在她的新书《每一天梦想练习》中，她把如何成为年薪百万的旅行体验师的经历和盘托出。

她一开始不知道怎么拍出好看的图片，也不知道从哪里找客户，不知道怎么才能有免费旅行的机会，像大多数想做而不得其法的人一样，苍蝇乱撞找不到出口。

于是她每两周固定发一次摄影作品，开始学着用各种镜头拍照，主动私信给新浪的旅游自媒体联盟平台，把自己的作品链接整理好一次次地发出去。就这样她坚持了下来，终于换来了微博上的推荐位，也开始陆陆续续接到各种广告的邀约。

随之而来的还有关于她的“扒皮”和黑历史，甚至还有不知名的同学造谣她曾经小三上位，等等。她当初立志做旅行博主时，脑子里想的都是拍美美的照片，跟姐妹们飞到世界各地旅行。可当她越走越远的时候，发现这条路上盛开的都是荆棘，而自己是孤独的战士。但她说她从不后悔，宁做孤勇的战士，也不做缩头屄包。

3.

最近早上一直在听《冬吴同学会》，听吴伯凡老师跟梁冬侃东侃西，其中一期主题叫《见于未萌》，这是《战国策》中的一句话：“愚者昧于成事，智者见于未萌。”

吴伯凡老师提到自己去生物科学相关的TOP2学校做分享会，生物科学在未来二十年的发展是非常可观的，也必然会成为潮流的新兴行业。但学生在互动提问环节最关心的还是薪资问题，提出了如何看待生物科学行业的平均薪资低于互联网的平均薪资，这个情况会不会影响就业？

其实我们关注一个新行业，最重要的是先要进入这个行业，了解其发展趋势之后，你才知道哪个方向是最好的。

如滴滴的程维等人，他们也是一直浸淫在互联网的环境中，才能在五年内成为这个行业的领袖人物，把滴滴做成独角兽企业。

在三十岁之前，选择一条适合自己的职业跑道比一点半点的薪资差别要重要得多。

但是吴伯凡也提到，大家现在在选择时考虑薪资待遇等诸多因素，也是因为当下年轻人面临的压力是巨大的。

“见于未萌”这个词，让我好好思考了一下，在这个快节奏的时代里，究竟什么对我们来说才是最重要的？

心理学上有一个词叫“杜鲁门效应”，说的是杜鲁门平日表现一般，但在罗斯福总统离世后，他面对险峻的国际形势，以其独有的严谨、果敢克服了很多挑战，成为美国历史上最伟大的总统之一，这令许多人跌破眼镜。

心理学家认为，每个人身上都有两种人格基因，一种是静态的，一种是动态的。静态基因如仁慈、好奇、忠诚、信仰等，你一天可能展现出这些优势几十次。而毅力、远见、公正、勇气等则是动态的，你不可能在超市排队时展现你的勇气，或是坐在飞机上表现它，除非遇到恐怖分子劫机。一生中有一次动态的行动就足以让人知道你有勇气了。正如杜鲁门面对挑战时表现出来的冷静和坚毅让他历史留名，做出了大家都想不到的成就。

所谓的“㞞”，其实就是我们懒得主动激活我们的动态基因，只有不断跳出舒适区，不断尝试不可能的事物，我们才能完成知识和成长的跃迁。

不管是早起努力写作的学姐，还是不断学习运用新的摄影机器到世界各地去旅行的另维，我在她们身上都看到了“见于未萌”的智慧与勇敢。

因为有一句话是这么说的——你不会找到路，除非你敢于迷路。

百分之九十的人都在沟通时“伤害”了你

我们并不是要成为一个完美的人才能得到爱，然而如果你在袒露了不完美的时候也表达了爱，这才能让我们更加趋近于完美。

1.

“沟通就是百分之二十的问题加上百分之八十的情绪。”在微博上看到这句话时，我点了一个赞，然后又点了收藏。

我最近的确因为沟通的问题陷入了糟糕的情绪。

起因是我工作上遇到了一点困惑，然后想求助一个同样也是做营销的朋友。在我带着问题去找他的时候，我是非常脆弱、非常迷茫的，我希望当我表达出自己的困惑时，他能先来安抚我的情绪，然后再帮我解决问题。

结果他一上来就直接推翻了我的想法，说我的思维太局限了，应该尽快扭转过来。后面的话我其实就不太能听进去了，当时内心只有一个感受："哦，我被你否定了。"虽然我承认他说的是有道理的，但我内心就是很受伤啊。

一是因为，我是信任他才去找他解决困惑的，可是他一连串的否定让我的防线崩溃了。我突然觉得解决问题变得不再重要，重要的是，在我信任的朋友眼里，我做得竟然如此差劲。

二是因为，我一向自诩为"正能量少女"，平日里也很乐观，甚至可以说能够理解别人的不开心和困惑，甚至还会主动给予安慰和支持，怎么突然就被这种小事打击到了呢？

我陷入了对自己的否定中，因为否定而变得更加焦虑。

我忽然想起小时候不小心摔倒了，妈妈骂我走路不长眼的那个时刻我是多么的伤心，再加上工作本来就不是很顺利，委屈瞬间喷薄而出。

2.

当然，我并没有一直沉浸在情绪里，刚好书架上有一本《非暴力沟通》，它一直被誉为沟通圣经，于是我就拿下来看了看。

个钱不仅仅是为你，也是减少自己以后的压力。你就让我买吧，就当是为了我。”

最后我妈妈妥协了，或许是她意识到，做这件事并不是一个错误的选择。

4.

心理学家李松蔚在讲沟通时说过一个观点：

我们对于自己看不惯的想法或者行为，往往会给一个简单粗暴的、负面的解释——你是因为“有问题”才会这么想的！

你这么想是因为思想不成熟；

你不靠谱；

你三观有问题；

你有病（思想有问题）；

你不负责任；

你无情、残酷、无理取闹；

……

一旦我们认同了这样的解释，就失去了从对方的立场来理解这件事的能力。可后者才是建立有效沟通的基础。

这两种立场的区别在于：

简单粗暴立场：你这样做是因为你有问题。

有效沟通立场：你这样做是因为对你有好处。

如果在沟通中，对方认为你是有问题的，他跟你沟通的目的是要耐心地、有技巧地、循循善诱地帮助你意识到自己的问题。当对方这么想的时候，这个沟通已经注定无效了。因为他没有跟对面的你在一个世界里。

沟通的艰难，在于理解。这又让我想起了一句话："我们经历磨难，是为了更好地安慰他人。"

从这一点来看，我突然又对自己的敏感报以理解，或许是因为自己的触觉够敏锐，才能用文字带给人安慰和共鸣吧。在这里分享了一些自己的切身感受，也把自己脆弱的一面展现给了你们。我非常坦诚地承认这里面有自己的问题，比如敏感、焦虑、玻璃心。

但是人和人相处，或许就是一个暴露自己的缺点，发现他人可以理解和治愈的过程。

并不是要成为一个完美的人才能得到爱，然而如果你在袒露了不完美的同时也表达了爱，这才让我们自己更趋近于完美。

我们一次次掏出真心，无非就是想在无数次的无效沟通中，再次勇敢出发，找到这样一个人。

我从蔡康永身上学到的五个道理

我鼓励大家做一个冷淡的人，过于热情不是一个人维持良好关系的方法。——蔡康永

1. 你不必一直热情，要学会适当冷淡。

蔡康永说过这样一段话，让我很有感触：

我常常给人家讲温暖，实在觉得很惭愧，因为其实我会鼓励大家做比较冷淡的人。过于热情不是一个人维持良好关系的方法，情绪不是我们的主人，不要卑微地求快乐，不要恐惧地躲悲伤。别被愤怒控制，也别让热情成为待人处事的重担。

一个人一味地热情，一定是盲目的。只有大部分时候是冷淡的，

才能够对比出你对哪些事情、哪些人怀抱着极高的热情。

我们常常喜欢说“做自己”，但很多时候，我们难以解释这个“做自己”具体是什么。而且很多人只是口头上说说，并不会那么做。因为他们都不清楚，到底要成为什么样的自己。

认识自己，先要认识自己的情绪，情绪是流动变化的，当下的情绪就是当下的自己。做好一个人，首先要辨认当下的自己正处于什么样的情绪，也只有这样才能渐渐了解自己，然后一步一步地具备安放情绪的能力。

2. 不用害怕自己的不完美。

大部分人的人生中最大的缺点，都来自于他们想要满足别人对他的期望，而不是满足自己对自己的期望。很可惜的是，别人对你有期望，那个标准只是对方的标准，而不是你的标准。

我们的生命只有一次，而且时间非常有限。如果我们把生命用在满足别人的期待而委屈自己，舍弃真实的自我上，就会失去自己的人生，未免太不划算。

活在别人的期望里，是你人生中最大的失败。

3. 不要在生活中单纯地追求“快乐”。

蔡康永在采访中还曾说过这样一段话：

一味地追求快乐这件事情，其实很让人疲倦，而且不持久。一个快乐只会带来下一个更大的对快乐的渴望而已，那是一个没完没了的追求。可没有快乐，那人生还有什么值得过的呢？我发现，是喜悦。喜悦比较持久，它来自我们内心。不像是快乐，只来自外在的刺激。

小孩子才追求简单的快乐，对于成年人来说，喜怒哀乐都有它们的意义所在。而且大多数时候，快乐都比较难得。

尤其是在工作之后，更多的时候是要拎着自己不断地去成长，突破舒适区。

在生活中为了保持好身材要忍受美食的诱惑和健身的折磨。每当我一边举哑铃，一边跟教练抱怨："为什么减肥这么痛苦啊。我想要生活开心点，可是现在很苦。"

我教练会认真地跟我说："你这不是在减肥，你是在变美，变美的过程就是会很痛苦，但是也很值得。"

我突然想起了那个词"破茧成蝶"，当蝴蝶穿过厚厚的蛹长出翅膀之前，它必须要在这种痛苦中获得力量。

在健身的同时，我也在为新项目不停地加班，等到关上电脑走出公司时早已是深夜，时针已经指向十二点，只有零星的出租车停在门口，不免觉得有点悲惨。可是在这悲惨之后，是自己在新业务上的快速成长，不断地打小怪兽获取经验值。一路上虽然艰辛，但是值得。

这不是那种即时的快乐，而是更加沉甸甸，更加有分量也能让自己觉得踏实的收获。

在小孩子的世界里，追求的就是极致，要最大的、最厉害的、最漂亮的、最英俊的。而一个成熟的人，才会体会到分寸的变化带来的喜悦。

不去单纯地追求快乐，情绪没有好坏之分，只是我们对于情绪的反应有了好坏之分。

学会对情绪分门别类是种能力，愿你可以不厌其烦地好好去感受它们，面对它们。要知道，当你这样做的时候，你的情商正在不知不觉中大踏步前进。

4. 要学会勇敢地说“不”。

只有学会拒绝别人，答应别人的事情才有意义。

我上大学的时候曾经犯过一个错误，我当时的一位同学请我帮他一个忙，我先是碍于情面很爽快地答应了，但是后来才发现我做不到，于是我又跑过去跟人家说对不起帮不上忙。虽然对方没说什么，但是我闺蜜知道这件事后过来告诉我，不要这样轻易地答应了别人之后又反悔，这样会让别人觉得你很不靠谱，也会对你失望。

我一开始并不理解这种失望来源于何处。后来我才意识到，其实我当时并没有把握做这件事，我只是担心我拒绝他后，他会不开心。于是硬撑着假装自己可以，撑不住了才告诉对方实话，以为这也算是自己尽了一份力。

但是对别人来说，请你帮忙后只看结果。如果你没有达成最终结果，别人也会失去找其他人的机会，就会把问题怪到你身上。

学会说“不”，不仅是对自己负责，也是对别人负责。不要因为别人对你的失望，就降低了对自己价值的认可。随着我们社交圈子的扩大，我们很难去满足身边所有人提出的需求，想要取悦所有人，只会吃力不讨好。

高情商的处理方式是，我们永远都在排一个优先顺序表，我们不取悦所有的人，我们只在乎身边三五个最重要的人。

5. 学会管理自己。

在管理自己这一点上，蔡康永提到了两种思维，一种是成长型思维，一种是固定型思维。

两种不同的思维模式，决定了我们对待挑战和事物的不同态度。

固定型思维会认为只有谁谁谁才能做得到，我自己没办法做到，他们更倾向于认为能力是固定的。但是成长型思维的人更习惯去想，自己怎样才能做到，怎样才能管理好自己，让自己进步。

我们要学会使用一个词，叫作“还没有”，或者是“还不会”。我们不要轻易地说“我不会唱这首歌”“我不会打篮球”。我们要说“我还不会打篮球”“我还不会唱这首歌”。就像这样，一个小小的词就能改变我们的思维方式。

它开启了我们一种思维方式，觉得自己不是做不到，只是时间还没有到来。

所以，你要先对自己达成一定程度的了解，你才有可能管理自己。

致爱情

当代人的情感现状：
恋爱前，一百分；恋爱后，零分

就爱的关系而言，最重要的是一个人要对自身的爱有信念，对于别人身上产生爱的能力要有信念，以及对爱的可靠性要有信念。——艾瑞克·弗洛姆

1. 爱情，把你曾经觉得最好的人变成了最差的人。

一个朋友在朋友圈发了一篇分手的文章，另一个共同好友私信问我，她什么时候谈的恋爱？

现在成年人的恋爱都是无声无息的，只有分手才惊天动地，一句“我分手了”仿佛就是某种重回自由的解脱。

其实说来挺奇怪的，恋爱前觉得对方是无比适合的，有太多共同

话题的，恨不能每一秒都黏在一起。

可真正在一起之后，恋爱就会在不知不觉中变成一个“减分制”的游戏，从一百分一点一点减下来。节日不主动给我买礼物减二十分；不接我回家减五分；生气了不哄我减三十分……然后我们带着这张打了零分的考卷，跟对方挥手告别。

爱情，把你曾经觉得最好的人，变成了最差的人。

我曾在微博上看到过一句话，妈妈说为什么你这么挑剔，最后还挑了一个错的人？

这句话很适合当代人在情感中自问，他原来明明那么好，怎么恋爱后就变了？

首先，并不是对方变了，而是我们对关系的要求不一样了。

艾瑞克·弗洛姆在《爱的艺术》中曾提到，爱情与其他感情相比是具有排他性的。

我跟一群朋友喝酒，有一个女孩子说她失恋了，但并不难过。因为在她看来，做兄弟要比做恋人更快乐。如果这个人当男朋友打五十分，当朋友可以打一百分的话，那么还不如当朋友。

他仗义、热情、有求必应，可是当你成了他的女朋友之后，会有占有欲和小心思作祟，觉得必须占据他生命中“特别的人”这个位置。

如果是朋友不能秒回你的微信，你完全能接受，但如果是男朋友不回你的微信，那么你的内心可能就会默默上演无数个“后宫”

戏码。

我们这个时代的爱就像抖音一样快，十五秒不喜欢就可以下滑。对待爱情的耐心都转化成了体面的自尊心。我可以接受我的生活里没有你，但不能接受为了你失去我的生活。

我们的“自我属性”越来越强了，爱情的弹性也相对弱了下来，连周杰伦都从“海鸟跟鱼相爱”唱到了“不爱就拉倒”。

重要的不是你没那么爱我了，而是我不允许这么一个不专心爱我的人，还在我的生命里走来走去。

现代人的爱情，是凛冽中带着一丝悲壮。

爱情可以没有，但是有了就不能减分。

2. 如果你爱我，你就会懂我。

我们常常想要别人按照我们想要的方式来爱我们，否则，那就是不爱。

武志红在《每一种孤独都有人陪伴》中写道：我们最喜欢在亲密关系中玩儿“投射—认同”的游戏了。就是我们喜欢在亲密关系中让对方按照我们期望的样子来对待我们，否则我们就会觉得他根本不爱自己。

就像我们常说的，我想要的明明是苹果，你却给我一车梨。以至于我们在潜意识里就会觉得，如果你爱我，你就会懂我。

如果对方不仅给了回报，而且恰恰用的是我们自己渴望的方式，我们就会觉得，这个人是真爱自己，否则我们就会失望，觉得这个人对自己不够好，并生出远离对方的心思。

用心理学的话说，这是一种投射，我们渴望得到对方的认同，抱着强烈的愿望希望得到自己想要的答案。

但是“投射—认同”是一种孤独的存在，因为在这种关系里，你并不想看到真实的对方，而只想看到对方是否如自己所愿。

所以在这样的关系里，没有加分项，只有减分项。

3. 人人心中都有一座巴别塔。

《小王子》里说，语言是误会的源泉。

从我们表达开始，对于某些事情的了解就注定会走向不同的方向。

在小说《巴别塔之犬》中，作者就讲述了一对男女因为没有办法在亲密关系中完全看到彼此的悲剧故事。

语言学家保罗的妻子露茜从后院的苹果树上掉下来摔死了，唯一的现场目击者是家里的狗罗丽。保罗怀疑露茜不是死于意外，而是自杀。为了解妻子临死前的事实真相，他决定利用自己的专业知识来教罗丽说话，以便了解那天的情景。当然，罗丽没有开口说话，但是保罗从妻子的书中重新认识了他自认为深爱的妻子。

“巴别塔”象征着人与人之间难以消除的隔阂，即便身边是挚爱的亲人，露茜依然深陷孤独无法自拔。在这段感情中，他以为自己深爱着妻子，而妻子始终努力假装保持着一种自己很好的状态，保罗也始终没有看出来她的脆弱和无助。

现实中不知有多少这样的爱情，当我们终于鼓起勇气，决定和一个人一起生活时，才发现原来这个人是最熟悉的陌生人。

在很久以前，人类只有一种语言，贪婪的人类想要建造一座直达天堂的高塔。上帝为了阻止人类，便让人类有了不同的语言，让人与人之间不能沟通。所以，通天塔的建造终告失败。由于巴别在西方有“变乱”的意思，因此通天塔又被称为“巴别塔”。

这就是巴别塔的来源，在现代社会，人人心中都有一座巴别塔。

想要拆除这样的巴别塔，我想最好的方式是学会不对亲密的人抱有太多“虚妄”的期待。大家一起当并肩作战的队友，而不是躲在对方背后等待着岁月静好。

我们总得用一些爱情的信念，来抵御人生的无常与内心升起的失落感。

就爱的关系而言，最重要的是一个人要对自身的爱有信念，对别人身上产生爱的能力要有信念，以及对爱的可靠性要有信念。弗洛姆对爱的诠释趋于完满。

他说：“我们探讨爱情，不过是要释放人与人之间相爱、互助、保持信念的巨大能量，目的是拥抱人类和整个世界。”

这个四十岁才结婚的女人教会了我什么？

请不要抗拒加入这个时代，你要成为这个时代中不可或缺的一部分。

1.

一九九八年，一个出生于日本小县城的女孩儿，怀揣着当插画家的梦想，离开家乡，只身去东京闯荡。在东京，她一边忙于生计，一边用画笔记录她平淡而温暖的独居生活。后来，她的作品《一个人住第五年》《一个人泡澡》《一个人上东京》《一个人的第一次》等“一个人”系列大受欢迎。她就是日本著名漫画家高木直子。

跟《东京女子图鉴》里的女主角如何一步一步实现自己的野心，

交往的男友从普通同事变成了高富帅不一样，在高木直子的“一个人”系列中，她展现的就是自己平凡又快乐的日常生活。

想要在这个城市里生活得更好，不仅需要野心，还要有把日常琐碎生活打点妥当的能力。

一个人吃饭时，学着自己做饭，一个人生病时，学会自己买药照顾自己，一个人敢鼓起勇气在夜里偷偷地看恐怖片。

我也不例外，之所以当年从三线小城市来到北京，除了有几位精神榜样的鼓励和指引之外，还是靠自己。

所以，在这些不足为外人道的细节里，安放着一个女孩子在大城市生活的决心和能力。

2.

今天我在书店里读到了高木直子婚后新出的一本书《两个人的头两年》，四十岁的高木直子遇见了自己的恋人小亚，并且进入了结婚生子的人生新阶段。看着她的漫画长大的我，仿佛也对自己一个人的生活多了些信心。

里面有很多打动我的细节，比如在体检时，已经决定结婚但还没有领证的直子不知道在两人关系一栏里填什么，思前想后第一次写下了“未婚妻”的称呼，这让她有种按捺不住的喜悦。

在决定搬到一起生活时，直子在自己的小房间里度过了最后一夜，在此之前她在这个房间里住了十年。她最舍不得的就是一直陪伴自己的小矮桌，那还是在老家的时候自己动手用暖桌改造的。“谢谢你陪了我这么久”，直子恳切地对它说了这样一句话。

记得我来北京的第二年，从东五环搬到了北四环，那天我开心极了，在网上买了很多家具，有桌子、书架还有单人沙发。

我自己用小锤子叮叮当当地敲着，把一块块木板和架子拼凑成一张小桌子，不得不说我的手工并不细致，钉好的桌面还有点倾斜，但这并不妨碍我正常使用它。

周末的时候我就坐在这张小桌子前，敲出了自己从二十二岁到二十五岁的人生。

最后你们也知道的，我从这段时间敲出的六十万字里挑出了十万字，出版了我的第一本书。

3.

一个在大城市中生活的女孩儿，拥有多少可能性？

朋友萱萱收到了伦敦国王学院的录取通知书，在长达一年的雅思备考后，她终于要飞到自己梦想的国度，开启新的学习生涯了。

我们相识于公司里的狼人杀，有过开心玩闹的时光，但是当考试和留学进入倒计时后，她毅然选择了独自一人奋战雅思。半年后，萱萱手持四张录取通知书，说着一口流利的伦敦口音英语，一个崭新的未来在她面前绽放。

曾经我也谨慎地问过她，在二十六岁的时候选择出国，会不会害怕再回来的时候达不到自己理想的状态。毕竟无论是就业环境还是职业发展，在这个时代都是瞬息万变的。

她说："当然也害怕过。但出国读书是为了自己更想做的事情，所以我有踮起脚尖去够一够的想法。虽然我不知道回来后会不会变得更好，但最起码不会比现在差。"

我格外佩服她坚定的勇气，她让我看到了，在这个大家都喜欢把迷茫挂在嘴边的世界里，还有星辰之外的力量。

还有一个在互联网公司上班的朋友，她在工作之余花了两年时间写了两本书。我问她最近有什么计划，她说刚报了人大的在职研究生。

我真忍不住想为她鼓鼓掌。这些独自一人在这个城市活得风生水起的姑娘们，就像是我身边的高木直子，发着光发着热。

一个女孩儿终究会在这个城市里找到属于自己的位置。

我想高木直子的人生给我最大的启示就是，一个女孩子，要想在这个世界生存下去，要想活得更好，靠自己才是最快的捷径。

我们不必想着怎样才能遇到良人和贵人，而是应该把自己的梦想视若珍宝，任何时候都不能放弃。日子也许会很难，但可以熬过去，熬到荒地开花后，漫山遍野都会成为你的欣喜。

我们长大的意义，绝不在于找个男人嫁掉，或者在未来的孩子身上存放自己的期望，我们努力地成长，是因为我们相信自己能得到想要的，相信这个世界会给有决心有毅力的女人一席之地。为了这样的决心，我们向前一步，从小城市来到大城市，从默默无闻到让自己的梦想被别人看到。

这是一个女性格外有机会的时代，如果有什么必须要说的话，我想说：“请不要抗拒加入这个时代，你要成为这个时代中不可或缺的一部分。”

如何对待那些追完就跑的人

生而为人，不分男女，其实都走在一条拿着青春换阅历，拿着失去换成长的路上。认识一个人，靠近一个人，判断这个人是否能跟你携手共进，都需要时间。

1.

前几天有个读者难过地跟我说：“七天姐姐，我最近遇到了一件特别恶心的事。班上有个男生一直对我示好，想跟我谈恋爱，聊了一段时间后，我觉得可以试试。但是没过几天，这个男生就跟我说他跟他前女友复合了，那段时间，大家就当是交个朋友吧。”

听起来这像是很多女孩子都有过的经历，他明明是在追你，明明是真心地想对你好，想跟你有一段长久的情谊。可转眼间，他就说自己有了女朋友，还要大张旗鼓地通知你。让你觉得自己曾经认真考虑的心意被辜负了，甚至怀疑自己是不是不值得被好好对待，才有了这样的境遇。

另一个朋友小希差不多也遭遇了这样的事情。我看到她最近的朋友圈有点伤感，问过后才知道，之前追她的男生突然订婚了，但他明明上个月还打电话跟她聊得热络。难道他是在一个月内完成了相亲、恋爱和订婚吗？

小希无奈地向我倾诉，那种感觉就像自己曾经珍视的心转瞬间被别人摔到了泥土里，而且还有一种吃了一口苍蝇无法下咽的厌恶感。厌恶对方的不诚恳，也厌恶自己错把对方的寂寞当真心，只好在角落里反思自己识人不明。

读者问我："姐姐，你说我应该骂他吗？室友告诉我应该去骂他，可是我们在一个班里低头不见抬头见，我不知道该怎么办才好？"

我想了想告诉她："你可以跟他说，我也是无聊跟你玩儿玩儿，别放在心上。"

每个来挑逗你的男人，说是真心也好，寂寞也罢，都希望在你这里获得存在感和成就感，你越上心，他越开心，越能证明他自己的魅力。

反而当你不在意了，说的话让他不知道是真心话还是玩笑话的时候，他才会在内心闪过一丝慌乱，"我究竟有没有走进她心里？"

我跟一个做自媒体的朋友聊了下这个话题，好奇她如果遇到这种追完就跑的男生，会怎么做，是纠缠？还是复仇？

她摆摆手云淡风轻地说："哪有那闲工夫，有那个时间我还要把这种故事写出来呢，说不定还能火一把。"

世界上两条腿的男人那么多，我也并不是非你不可。任何轻视我们感情的人，都不配听到我们的真心话。

遇到追完就跑的男生怎么办呢？且笑着跟他说一句"走好不送"就可以了。

2.

为什么会有这样的情况？明明大家都希望得到一份真挚的感情，可为什么总会有人带着游戏人间的态度破坏规则，搅动一池春水，又故作潇洒地离开？

我最大的一个感受是，随着各种交友软件的增多，获得一个异性的关注更容易了，大家在一起聊聊天，交流一些感情的成本也变低了。

在《失恋三十三天》中，黄小仙因为失恋在电话里骂起了老板大老王，后来大老王以一个过来人的身份带她去吃了饭，还跟她说了一句话，现在的小男孩们"情义千斤，却不敌胸脯四两"。

看这部电影的时候我还在上大学，并不是很理解这句话，总觉得只有真心才能换来真心，而且明明说好一起走的爱情旅程，谁允许你半路下车的？

谈过几场恋爱后我才发现——即使是真心，也是在不断变化的。

两个人刚开始因为喜欢而表达了好感，继而开始暧昧，但是在靠近的过程中发现对方跟自己期待的有点不一样，于是就会在心里想，自己可能认错人了，然后寻找一个蹩脚的方式后退。

男生可能会倾向于利益驱动，苗头不对立即退出。而女生常常会怀着来都来了的慈悲心态，即便不合适也想试一试，搏一搏。他曾经喜欢你是真的，但是喜欢并不意味着他会负责，他只是找到了进场的机会，告诉你他要靠近你。至于最后跟不跟你在一起，他也不敢打包票。

其实从另一方面来讲，女生也早已不在牵牵手就一定要娶回家的保守年代了，我们不必抻着心思考验谁，完全可以坦坦荡荡地说："我不排斥跟你接触，但我们彼此还不够了解，可以等一等再作决定。"

生而为人，不分男女，其实都走在一条拿着青春换阅历，拿着失去换成长的路上。认识一个人，靠近一个人，判断这个人是否能跟你携手共进，都需要时间。

千万别在他追你的时候去作跟他共度一生的决定，不然结局的好坏会直接影响你对待爱情的心态。

3.

前阵子有个调查报告，说全球已经进入独居时代。根据数据显示，这可能是有史以来独居人数最多的时代。

我们对于自我的需求渐渐超过了对爱情和家庭的需求，由于生活资源的便利性和情感的开放性，大家越来越不想把结婚这件事提上日程了。婚姻带来的观念，比如忠诚、责任，也在慢慢变淡。

当大家把最大的精力和热情放在自己身上时，我们又怎么能指望这些年轻的小伙子们还对爱情全力以赴呢？

那种追一个人追了很久很久才在一起的年代，已经离我们越来越远了。这个“成为更好的自己”的时代，正在热火朝天地发展着。

前几天听梁宁在“得到”上讲产品思维课，他讲了一件事情，有一个三十五岁功成名就的男人突然决定要结婚了，他把自己的择偶标准定到了跟自己的行业有关联，二十九岁以上的女性。于是他把近几年符合这两个标准的女性朋友联络了一遍，最后筛选出 ABC 三位尚未结婚的符合条件的女生。然后一一发信息过去，表达了自己想要结婚的意向，然后告诉对方，如果她有意愿的话请给自己打电话。

其中 A 小姐收到信息后觉得这位男士分明就是开玩笑，或许是玩儿真心话大冒险输了的惩罚，根本没放在心上。B 小姐觉得既然你有心跟我结婚，那你应该带着鲜花来我的城市跟我告白，于是她就一直在等男士主动来找她。C 小姐看完后想要回电话告诉他，她愿意试试。

但她转念一想，这个信息写得如此流畅，应该不止是发给了自己，于是她决定给缘分一次考验。她定了一周后的闹铃，想着一周内如果有合适的人给男士回了电话，那他们也是有缘无分，如果没有，那肯定就是她的了。

结果一周后她打过去电话，成了第一个回复这位男士的姑娘。几个月后，他们顺理成章地进入了婚姻殿堂。

我好奇地带入了 A 小姐和 B 小姐的思维——他不是前几天才发短信跟我告白吗，怎么转眼间就娶了别的女人?

这个男人渣吗？很渣！但是对于当事人来说，这是他规划中最好的结果。他的目的就是找一个合适的女人来结婚，ABC 小姐都合适，但唯有 C 小姐抓住了这个机会。

这是以产品思维进行择偶的流程。这位三十五岁的男士对自己的婚姻定位很明确，所以他能够坚定地发出邀请，寻找匹配的对象，而且能匹配的也不只有一个。

我们需要坦诚一点地告诉自己，有的人，我们明知道他不够真心，但我们还是对他抱有期待，那我们就必须接受他随时会走的后果。不要给感情加什么美化滤镜，他愿意等，那是他的情义，他不愿意等，那他也没有亏欠你。

我突然想起在微博上看到的一句话，“从不怀疑任何真心，因为真心本就瞬息万变。”或许他追你的时候是真心的，娶了别人也是真心的。但你是怎样的人，值不值得被爱，不由那个人来评判，并不是他娶了别人，就代表你自己不够好。你能做的，就是保有自己的独立，同时去寻找另一个独立的灵魂。

愿你永远相信自己值得被爱，永远对可能性充满期待。

《请回答1988》中为什么是阿泽跟德善在一起了?

爱一个人，是把自己的心交出去，从此别人就有权利伤害它，忽视它，掠夺它。

1. 正焕：就是开不了口让你知道。

如果《请回答1988》是一部童话，那么正焕就是骑士。骑士的职责是守护，那么正焕应该是土象星座。如果要用一个词来形容他，那就是拧巴。

周杰伦为正焕量身定制了一首歌，叫《开不了口》。

就是开不了口让她知道

我一定会呵护着你也逗你笑

你对我有多重要我后悔没让你知道

安静地听你撒娇看你睡着一直到老

就是开不了口让她知道

就是那么简单几句我办不到

整颗心悬在半空我只能够远远看着

这些我都做得到但那个人已经不是我

没有你在我有多难熬

德善在家中是永远得不到宠爱的二女儿，她热诚、活泼、渴望被爱。而正焕呢，他假装冷酷、傲娇、永远嘴硬，有着所有热血少年的爱情顽疾，把爱表达成讨厌，明明喜欢却装作不屑，对喜欢的女孩子比谁都心思细腻，却又装作一副毫不在意的样子。

他明明在德善看不到的地方倾注了那么多真心，可是在德善面前，他还是一副倔强又不屑的死样子；他明明喜欢德善喜欢得要死，却是揶揄她、吐槽她最多的男生；他明明早上在德善家门口把鞋带系了又松，松了又系，好不容易等到德善出门，却又装作一副恰好路过的样子。

很多人都哭着喊着心疼正焕，其实就是心疼那个和正焕一样不懂得变通，不懂得表达，因为无数犹豫错过了完美爱情的自己。

喜欢正焕，是因为在少年时代，我们都曾笨拙地、羞涩地把一个人放在心底。

在博弈的上半场，正焕比阿泽有太多的优势和先机，当德善发现自己喜欢的善宇却喜欢着姐姐时备受打击，于是她把目光转向了正焕，但正焕却只是躲在窗口庆幸地偷笑。

德善已经很主动了吧，主动邀请他看演唱会，主动给他礼物，主动问他要不要去联谊。我们这些屏幕外的“老母亲”也曾以为正焕和德善就是锁死的情侣。

表白是冲锋的信号还是结束的标志？或许对正焕来说是后者，但女孩子想要的往往是前者。

骑士要做的不是冲锋，而是力挽狂澜，绝地反击。

你看金家有不靠谱的老爸，有活在自己世界里的正峰哥，还有傲娇的双门洞第一豹子夫人，但正焕却都能统统搞定，一切安排妥帖。

哥哥喜欢足球，但是心脏不好，他就代替哥哥开始踢足球。哥哥的梦想是成为飞行员，他就选择了参军。帮妈妈办护照的时候发现妈妈不认识英文，回来就默默在英文名字那一栏注释了韩语拼写。爸爸不开心，他就跑去咨询娃娃鱼，然后学着用夸张的打招呼方式来跟老爸互动。妈妈到了更年期，闷闷不乐，他发现了爸妈的结婚照是合成的，于是联合娃娃鱼重新为妈妈举办了结婚仪式，拍了好看的结婚照。

妈妈哭着问，这个是谁策划的。正峰说，是你的二女儿，然后拍了拍正焕的肩膀。

他知道阿泽也喜欢德善后，强行把自己给出去的半颗心收了回来。当流星划过天际的时候，他看着对面的阿泽许下愿望说："希望他是个大坏蛋。"

这样他就不需要隐藏自己的心意了，这样他就可以无所顾忌地去追德善了。

第十八集的名字叫《再见初恋》，所有曾经失去的都以另一种方式回来了。

正峰和曼玉异国六年终于相见；

宝拉和善宇化解矛盾冰释前嫌；

阿泽和德善表明心意顺利发糖。

只有正焕，以大冒险的方式进行了真心话的告白。可是一切都太晚了，属于他的那个时刻终究是过去了。

仔细想想，其实正焕很早以前就对德善表白过。他跑了很远的路请德善的小姐妹们吃麦当劳，德善问他为什么会来，他用手托住德善的下巴说："用你的脑袋好好想一想，我为什么会来，知道了吧？"说完后，迅速地跑回了家。

正焕不习惯在爱情里主动出击，他信奉水到渠成，相信只要他在德善身边，终有一天德善会明白他的心意。可这样看似考虑周全，其实是太过看重自己的体验。

自由完美的时机和地点，才符合正焕的缜密和细腻，他太希望自己的爱情万无一失了。他做错了什么吗？没有。如果一定要找出一些错的话，他错就错在没有更主动一些。因为他对面的阿泽，就是这样做的。

剧中有一段话，我觉得是送给所有像正焕一样的人的：

时间会流逝，所以时间带来离别，留下遗憾。若是爱一个人，现在就说吧，在忙碌的这个瞬间，在变成遗憾之前说出口。或许时间给我们最大的礼物是，爱过的记忆。所以，在更晚之前，战胜羞涩，表白心声，向心爱的他。

2. 阿泽：我喜欢你，像风走了八千里，不问归期。

我很喜欢很喜欢老狼的一首歌《想把我唱给你听》，里面有一句歌词是：

谁能够代替你哪，趁年轻尽情地爱吧！最最亲爱的人啊，路途遥远我们在一起吧。

我觉得这像极了阿泽的爱情，灿烂的、明亮的、坚定的、无法妥协的少年的爱，他把所有的笑容和脆弱都留给了德善。

别人都说阿泽是长不大不知世故的孩子，一心一意只知道下围棋。唯有德善爸爸一下戳穿了真相，他说：“围棋里可是饱含了所有的人情世故呢。”

阿泽的爸爸曾在和朋友的谈话中提到，小时候为了不让阿泽学围棋，还把他的棋盘丢掉了。但他没有吵闹，也没有哭泣，只是安安静静地把棋盘捡了回来。从那以后阿泽爸爸就知道，这孩子跟围棋分不开了。

可见对于阿泽来说，他不是不懂人情，不是不懂世故，他只是在懂得一切之后依旧选择了简单和天真。在充满了胜负欲的世界里，阿泽的智慧是大道至简，也是一往无前的。他爱德善，是那种眼明心亮一人勇往直前的爱。

他赢得围棋比赛后给德善打电话说："一起去看电影吧，我们。"

阿泽在上半场像是个隐形人，所以正焕和泽善的感情线才被无数人追捧。可阿泽是天才棋手，是智商 139 的崔大师，他才是最懂得什么时候该坚持，什么时候该退后的人。

几个朋友一起去吃饭，阿泽听说餐厅有暴露狂大叔，于是就偷偷跟在德善身后，保护她去上厕所，被德善发现后只是淡淡地说自己过来抽根烟。大家一起玩儿"守护天使"的游戏，阿泽抽中德善，却因为比赛而忘记给泽善买礼物，事后想起来道歉说："你想要什么，我全部买给你。"

不是因为阿泽的爱更加真诚恳切，而是因为阿泽更能坦荡地面对自己的心。

爱一个人，是把自己的心交出去，从此别人就有权利伤害它，忽视它，掠夺它。并不是所有长大的大人，都有勇气交付这样的心。

德善对阿泽来说是什么呢？是长夜难眠时医他的药，是失去了之后自己就会死掉的人。阿泽对德善，是不给自己留退路的喜欢。

在德善的青春里，阿泽从来没有缺席。

喜欢一个人，不是要给出无论你做什么我都支持你的骑士般的感情，而是要给出无论你做什么，我都想和你一起的王子一样的诺言。

重要的不是做什么，而是在一起。

感谢阿泽，给了所有青春期爱而不得的德善们一个最美好的结局。

3. 德善：爱笑的女孩儿，运气不会太差。

电视剧刚开始的时候，德善生气地对爸妈咆哮，为什么，为什么只有我是德善。

作为家中的二女儿，她吃不到煎蛋，只能吃腌豆子。买来整只鸡，两个鸡腿分别是姐姐宝拉和弟弟余晖的。就连家里煤气泄漏，她也是被父母忽略掉，自己爬出来的那一个。

德善看起来大大咧咧、活泼喜人，却有一颗迫切渴望被爱的心。她对所有人都很好，她能配合浮夸的正焕爸爸演出见面仪式，她能在阿泽比赛时，把他的生活起居饮食全部照顾好，她能够跟爸爸无所顾忌地亲密互动。

假如把德善放在荒野上，我估计她都能玩儿出花儿来，因为她就是一个生命力旺盛的姑娘。但她还是渴望被爱，渴望独一无二的选择，成为某个人心中最在乎的对象。

讨论德善应该和谁在一起的问题有很多，但是讨论德善为什么值得正焕和阿泽两个人同时喜欢的问题却不多。

那个肆无忌惮地跳着狗腿舞的德善，偷穿姐姐衣服用姐姐化妆品的德善，在暗恋善宇的时候写信给电台表达心意的德善，和她相处不需要费脑子。

即便在渴望被爱的青春期里，她也从来没有收回过自己的爱。德善是赠人玫瑰，手有余香的人，她的细腻是润物细无声的。

高冷的班长突然癫痫发作，是德善喊大家把她送到了医务室。在姐姐的婚礼上发现爸爸鞋子大的时候，是她从包里掏出卫生纸团了团垫进去。就连阿泽被别人借钱，都是她怒其不争地手把手教阿泽如何拒绝别人。还有，当媒体把她和阿泽的照片登上报纸时，刚好善宇和宝拉的恋情处于僵持状态，是她顾及大人的想法选择了不公开。

德善不是世俗意义上的女神，她普通、学渣、没什么大的梦想、还有点黑，然而她却是一道闪亮的光。

我知道这个世界上的爱有很多种，有的隐秘深沉，有的明朗温暖，也有的惊世骇俗。但我独独只喜欢那一种，那种堂堂正正、清清朗朗，在一起恩恩义义，分开了潇潇洒洒的爱。

恰好阿泽和德善的爱就是这样的，德善的烟火气中和了阿泽的不食烟火，于是才能在平淡的岁月里成为彼此的星辰和岛屿。

所以，女孩子要像德善一样活着啊，只有你越懂得爱自己，才越有被人爱的能力和运气。

爱笑爱吃的女孩儿，运气都不会太差。

爱而不得的人，还要不要去追逐？

在爱情中给即是得，能够给予爱的人才是拥有爱的能力的人。——弗洛姆

1.

前段时间微博上有个妈妈说：“我绝对不会让女儿读《海的女儿》这样的童话，原因是我们人类的智商比鱼高，而且女人不能做为了一个男人就牺牲的事情。”

她认为人鱼公主和海巫的行为“矮化海洋女性物种，跪舔人类男性”。她认为女性独立是正确的价值观，而为爱情牺牲自我则是落后的。

小人鱼的爱情悲剧其实就是我们少女时代的成长，从生活的无忧无虑、自在轻盈，到开始为爱情心碎。

《海的女儿》究竟是一个什么样的故事，我相信每个人都有自己的理解。

这大概是我们最开始接触爱情的童话故事，但是安徒生却没有写出一个当年的我们想要的结局。拯救了王子的小美人鱼，用自己的嗓子交换了双腿，认识了王子，却没有跟王子幸福地生活在一起，为此还献出了自己的生命。

在回答小美人鱼应该杀害王子还是牺牲自己之前，我发现有个异曲同工的更加现代的问题可以探讨。

那就是，如果你很喜欢一个人，可你不知道对方喜不喜欢你，而且你知道你们即便在一起也很可能不长久，那你还会努力去和对方在一起吗？

2.

最近有一个朋友犹豫要不要向他喜欢的女孩儿表白。

他有很多个理由在阻止自己表白，比如被拒绝后也许没办法再做朋友，比如自己的家境可能不如女孩儿，比如短时间内买不了房，等等。

我说："你闭上眼睛想象一个画面，在你临死前，你回想这一生真正爱过的，走进你心里的女孩儿，一共有几个呢？"

他想了一下，告诉我："只有这个。"

我给他的回答是："人生苦短，何妨一试。"

我听过一个对于这个问题最浪漫的回答：对于感情来说，过程即结果。

你愿意去爱这个也许没有结果的人，这个过程让你的爱情变得更加珍贵了。

我的好朋友大将军郭说："其实我们对于人生的纠结都是有固定句式的，是选 A，还是选 B，常常让我们很痛苦。当你执着于作二选一的决定时，就会把真正的问题屏蔽掉，以为做了选择就万事大吉了。但其实就算没答案也没关系啊，只要你往前走，你在探索和尝试的过程中会发现前方的路不只有 A 和 B，当未来真正被展开后，你将拥有更多选项可以选择。"

所以她给我的回答是："往前走，而不是停下来思考作决定。最终让你做选择的都是事情的推进过程，思考是行动后的附加值。"

在小美人鱼的爱情中，没有坏人，只有命运。帮助她的人那么多，从巫婆到她的姐妹，所有人都在助她一臂之力，而且这个故事里没有坏王后和毒苹果，小美人鱼用尽了一切方法，依旧没有得到王子的心。

不是你不够好，只是我的心里已经有了别人。

就因为在海面上看了王子一眼，小美人鱼就付出了她的嗓音、她的腿及她三百年的寿命，而且在拥有最后一个可以靠刺死王子回到海里的机会时，她扔掉了刀子。

甘愿，是爱情里最后的，也是最伟大的温柔。

我喜欢倪一宁说过的这句话：

别人的童话讲述的，是怎么得到，安徒生却写了大篇幅的得不到。

别人的童话兜售的是美满，不是爱情，美满不过是爱情的一个结果而已。但安徒生写了爱，还写了跟爱相悖的宽恕。

3.

爱情中必然是有付出的。

弗洛姆在《爱的艺术》一书中提到，给即是得，能够给予爱的人也是拥有爱的能力的人。

小美人鱼付出了美妙的嗓音换来了和王子相处的机会，她的付出看似是为了爱情，为了这位爱慕的王子，但实际上她是为了自己所期待的生活，为了不死的灵魂。

尽管我们描绘过很多种爱情，也看过无数个爱情故事，落到实处，我们会说我们想要什么样的爱情。但是这种“想要”其实是某种愿望，就像我们想要一台苹果电脑，但我们未必能得到。

当小美人鱼看到王子为其他人的歌声而赞叹的时候，心里暗叹：“啊！只愿他知道，为了和他在一起，我永远失去了我的声音！”

爱情是我们跟世界碰撞和摩擦的一种途径，通过爱情，我们的心变得更加宽阔了，通过爱情，我们学会了宽容、理解、付出，以及承担。

奔着永恒灵魂而去的小美人鱼绝不是无脑的天真女孩儿，更不是因为得不到爱而毁灭爱的心机女。她爱了，爱就是最好的结果。

之前听过一个结论——爱情故事已经撑不起岁月了。你看近几年的电影热门档，也很少有专门讲述遇见真爱的了。当你讲一个爱情故事的时候，他人的反应是：我已经学会用最理性和现实的态度去判断一段感情的走向——吃亏还是划算，生活质量的提高还是降低。

《海的女儿》是一个爱而不得的单恋故事，而单恋是每个人在爱情中必须要毕业的课程。

小美人鱼得不到自己想要的爱情，放弃怨恨，放弃为了自己（回到海里）而伤害别人（杀了王子），这就是从单恋中毕业。

任何一个单恋的人都必须懂得：你爱别人是你自己的事，这个事情与他人无关。

然而爱并不等于爱情，爱情是男女之间彼此确认的一种排他性情感。爱是流通于世的一种货币，是对于某种事物或者某个人的一种吸引。

坦白来说，我们行走于世，每个人都有爱与被爱的需求。

人鱼是没有不灭的灵魂的，而且永远也不会有这样的灵魂，除非她获得了一个凡人的爱情。她的永恒存在要依靠外来的力量。天空的女儿也没有永恒的灵魂，不过她们可以通过善良的行为而创造出一个灵魂。

小美人鱼的生命，为爱、为灵魂活过，从此也变得不朽。

致女孩

像男人一样思考，像女人一样行动

你得主动抓住机会，创造一个适合自己的机会，而不是一味地拒绝。——谢丽尔·桑德伯格

1.

脱不花曾在《忙碌的职场女性，如何获取最大的自由？》这篇文章中提到过一点："工作中我们要像男人一样思考，像女人一样行动。"其意思是说，思想上做最理性的判断，行动中的姿态要柔软漂亮。

我对这句话印象很深刻，因为女生在职场中首先要抛开的就是女性的身份，只有用男性的思维去博弈和竞争，最后才能得到更大

的利益。其次，又要记得自己是女生，要善于用女性优势来获得他人的支持。

所以，只有你行为女性化，思维男性化，才能在坚硬的世界里身段柔软地生活。

李一诺用六年时间在麦肯锡做到了合伙人，之后又华丽转身成了盖茨基金会的首席代表。

在电视剧《我的前半生》的热播下，李一诺的文章被人们在朋友圈中疯狂转发。用六年时间做到麦肯锡合伙人，生了三个娃还有马甲线的完美女人李一诺，被叹为“唐晶和罗子君”合体。而且，她为了解决三个孩子的上学难题，还自办了一所小学——一土学校。

在采访中，她提出性别文化下，限制职场女性的短板不是别人，正是女性自己。比如，女性不敢发出自己的声音，总是容易自我怀疑，担心自己配不上某些职位。但男人却是，我来了就要有个声音有个观点，哪怕这是一句废话。

所以，在很多大公司的体系中，中层管理中的女性有很多，但越往上晋升，女性越少。

很多做领导的必备特质，女生的确没有。比如，出现问题后，女性需要先花一点时间处理情绪，才能解决事情，而男性更擅长立刻解决问题。女性很难主动袒露自己的野心，而是期待做到一定的成绩后，别人为她戴上“皇冠”。

只要事情值得做，自己的姿势好不好看没关系。一旦突破了这个阶段，就能慢慢把小女生的柔弱心转换掉……那时你的女性光环就显示出来了。

在竞选合伙人的过程中，她有了这些感悟：不要总是去想“凭什么应该是我”，而是要想“当我去做这个人，我可以带给大家什么”。

她会像男人一样吹嘘，毫不谦虚地夸赞自己创办的教育学校是牛津的教育学校里面最好的。她也会袒露自己的野心，面对媒体时说：“要把一土做成教育界的麦肯锡。”

但是她也不惧怕露出自己柔弱的一面，在讲述自己为了资质和场地发愁的境遇时，她表达了自己的悲观，担心“一土”有一天会倒下。

李一诺外表虽然看起来柔软，能给人更多感同身受的印象，也容易被接纳，但她内心十分坚定，一心一意只想做好手中的事情。

2.

思维模式决定选择，选择在哪里，哪里就是你的主场。我并不是很理解男性思维这个概念，但是在一些问题上，我们或许可以探讨男性和女性的思维差别。

①如何看待自己？

②如何看待他人

③如何看待机遇？

在如何看待自己上，男性对自己很自信，而女性给自己的评分往往要低于别人对她的客观评价。在一些给自己打分的视频中，长相普通的男生笑着声称自己堪比吴彦祖，长得貌美又温柔的女孩子却经常觉得自己某个部位不够完美。

冒充者综合症，这一名称指的是那些有能力的人常常自我怀疑的心理症状。无论男女都有这样的症状，但女性会更严重，也因此会受更多的限制。

艾玛·沃特森曾对媒体表示，她在出演《哈利·波特》后觉得自己并不像大众认知的那样优秀，她甚至还说："即使是在演完哈利·波特后，我也没有自信自己会成为一个演员，我觉得自己只是运气好，我需要别人来肯定我。"

虽然她已经是英国家喻户晓的女演员了，但在内心深处，她依然怀疑自己的表演才能，担心自己配不上演员的称号，当受到人们赞美的时候，她会觉得自己是个骗子。

研究者认为，这是因为女性从小获得的社会期待与男性不同，女性获得的成功与家庭和社会的期待不符时，就会遭受巨大的压力和质疑。

关于如何看待他人，我想谈谈如何能迅速地找到我们的人生导师和贵人。女生常常会抱有这样的想法，就是找到某个人给予我们指导，成为我们的导师。但男生往往不需要这些头衔上的称呼，他们更注重实际沟通中的收获。

当女性习惯埋头工作时，他们在社交中游刃有余，最重要的一点是，他们常常喜欢问，只要你敢问、会问，事情远不如你想象中的复杂。

脱不花曾经讲自己与业界大佬们互动时，一开始用的词是“扑”，她扑过点子大王何阳，扑过台湾成功学大师尚致胜、白崇贤，扑过二十世纪八十年代的经济界名人温元凯，扑过易学专家张其成等大咖。

没有任何人的背书和介绍，也没有支付任何费用，他们都是在某个机缘巧合下被她拦住，辅导或帮助过她完成各种靠谱或不靠谱的任务。

在寻求帮助和支持时，主动其实是一个成本极低的有效动作。因为即便是被拒绝，你也并不会损失什么。所以，无论是在工作中，还是在恋爱中，女生应该多学学男生这种主动的勇气。

在如何看待机遇上，《向前一步》的作者曾提到过，男性更容易把握住机会，他们常常会主动敲开领导的办公室大门，毛遂自荐。而女性对于角色变化和寻求新的挑战更谨慎，常常会觉得“这项工作我还有很多要学习的”“我没有类似的工作经验”，等等。

机会不一定来源于你对某件事的擅长，而是来源于你对某件事的全情投入。我们面对的是每一个微小的选择，这些选择的结果决定了我们是否有机会做出大的选择。每个微小的选择都是可以影响的，但神奇的是，每一个选择的结果都是累积的。

这是女生在思维上可以优化的地方，尽可能地丢掉自己的羞耻心，坦荡一些，大气一些，对自己渴望的东西说“我要”，而不要等着别人来赋予你。

3.

在行动上，女性的弹性更强，可软可硬，可强势可妥协，能更好地激起共情。因为喜欢，所以执着，这是女性的韧性和坚持。当她找到了自己的“天命”，如果不是她自己放弃，很难会被外界所动摇。

马云曾经讲过，一个人做事要有三个层次，分别是做得到，做得好，做得妙。

在这里面，男性创业者就比较有优势，因为男性逻辑思维能力强，做事讲方法讲逻辑，一般事情很容易找到方法，也就比较容易做成，这叫做得到。然而做得好不仅仅需要逻辑思考能力，还必须有女性更擅长的感性思维能力。

女性热衷于一件事情，喜欢是一个不可或缺的条件。在执着和钻牛角尖这方面，女人远比男人来得彻底，没有丝毫妥协的可能。

那么，如何才能把事情做得妙呢？马云说：“它跟眼界有关。”这个不靠天赋，因为天赋是无法产生持续输出的，这个得靠眼界，你得看到别人没有看到的，才能做到“妙”的境界。眼界说简单点，就是你必须看到更高级的东西。

一个女性的眼界，就是她所看到的世界。

当她看到社会竞争的无情和残酷时，才会不顾一切去争、去抢、去夺取属于自己的资源和机会。当她看到人类情感的共鸣和柔软，才懂得用情来打动和感染她人，适当地软下来，用沟通而不是用逻辑赢得更多机遇。

优秀的人永远是雌雄同体的，这个词的意思不是让我们都成为中性角色，而是要懂得融会贯通。一方面保持开放，习得异性的优势，一方面专注自我，时刻警醒自己要做什么。

前路很长，希望我们都能越走越酷，越走越远。

那些还没结婚的高学历女孩儿们

女人的幸福真的与另外一个他无关。做好自己，快乐独立，这才是一切幸福的来源。

1.

前两天看到微博有个“颜宁,美国国家科学院外籍院士”的热搜,点进去后发现是之前在李一诺的微信公众号“奴隶社会”中看到的那位女科学家。

《人物》杂志曾经邀请过李一诺和颜宁谈论与女性有关的话题“女人四十”。本以为她们会呆板地谈论，没想到采访中的颜宁是活泼的、有趣的，甚至是追星的小迷妹。

她们谈女性的年龄焦虑,说自己曾经也相信过什么时间做什么事,比如，三十岁就不要再看什么鸡汤文章了，可等真正到了那个岁数的时候，才发现都是鬼扯。

颜宁没有结婚，没有生育。

据说在一次博士生面试中，在场的一位男老师直言不讳地询问前来面试的女硕士：“到了一定的年龄，该怎样平衡家庭和科研？”

颜宁听到后打断了对话，她跟女孩儿说：“您可以不回答这个问题，这是一个有性别歧视的问题，为什么不问男性如何平衡家庭和工作？”

正因如此，颜宁才能在这个人人都关心女性的婚姻状况，根深蒂固地认为“女性就应该相夫教子”的社会境遇下，自信地说：“我不嫁人，不欠谁一个解释！”

如今她跟父母生活在一起，父母对她无微不至又不打扰的照顾，让她形容自己是一个十指不沾阳春水的人，同时又能心无旁骛将所有精力投入科学事业上。

女人的幸福真的与另外一个他无关。做好自己，快乐独立，才是一切幸福的来源。

2.

我也有一位无比自信的女博士朋友，也正是在遇见她之后，我才突然很想去多读一点书，去看看更高更远的风景。不是为了得到什么，而是想在求学之旅中，更加清楚地知道该如何对待“我”，以及该怎样更加笔挺地正视自我。

我曾跟这位博士姐姐同居过半年，那是我生命中通透敞亮和充满智慧的大半年。

我们一起做饭，一起追《这就是街舞》，一起讨论爱情、经济、时事，一起讨论梁博的歌。

她颠覆了我对女博士的刻板印象，以前总觉得情商和智商是分开的，后来才逐渐明白，智商高的人，情商也不会太差。

遇见她的时候，我正处在人生的低谷期，还不知道未来想要做什么。

我在圣诞节匆匆找房，看中了她出租的两居室，有客厅和电视，她也看中了我这个比较真诚靠谱的小姑娘，于是我们在元旦前一拍即合，成了室友。但后来她不仅是我的室友，更是我生活上的导师、身体健康上的医生，还是充满了小情趣和艺术细胞的玩伴。

她会弹古琴，会点一支香，拿两只茶杯，我们边喝茶边聊天，有时候一聊就是一晚上。

那时候我刚刚跟一个喜欢的男孩子分开，我们互相喜欢，彼此热络，但后来还是有了矛盾。分开后，那男生还会时不时地来评论我的朋友圈，搅动我内心的一池春水。

我向博士姐姐讨建议，她就像我人生中的情感导师一样，说："不要在乎他怎么对你，想想你想被他怎样对待。"

最后，我从那段求而不得的感情中彻底抽离，删除了他的微信好友，不挂念，不留恋。

后来我对个体发展有困惑，便和她讨论未来的中国经济，嘴边挂着“我听说”的开头给她描述，她却反问我：“听谁说，怎么说？不要老是听别人怎么说，要多去看书听报告，要有自己的结论。”

后来我买了经济学的书，自己从零开始学，对任何事情，都学着总结自己的观点和看法。

半年后，她因为工作原因，搬离了我们的房子，去了北三环，但她依然用自己的自如租房网账号帮我续租了这个房间。我们后来一直没有机会再见，但能从朋友圈中分享彼此的生活。

工作之余我出了书，她也跟伙伴们开始创立自己的医疗平台。

她是医生，治愈人的身体，也在治愈人的心灵。

凭实力来讲，我相信她会是非常非常棒的医生，因为她懂别人没有说出口的话，也懂如何帮别人找回丢失的信念和勇气。

再后来我来杭州，需要提前退租，我跟她说了我对职业发展的规划后，她说：“好的，我全力支持你，需要我做什么我都来协助你。”而且她还帮我在网站上挂了转租链接，又帮我提交了各种需要的资料。我几乎没花太多时间，就很快转租，换了城市。

作为我第一个亲密相处过的女博士，她对我的影响是深刻的。她站得高，看得远。我相信她读书的这些年，思维和眼界给她带来的变化是巨大的。

一个能够不停向上求索的人，她的灵魂是积极的、乐观的。

这就是我对女博士姐姐的印象。

当然，她也有很小女生的那一面，比如一脸迷妹相地讨论梁博，比如对悬而未决的感情也有自己的困惑。但是我太喜欢她那种“你不喜欢我是你没福气”的劲儿了。

自信是一个女孩儿犹为重要的特质，而我在她身上，看到这样的特质正闪闪发光。

3.

如果说这些高学历的女孩儿们给我最大的启发是什么的话，我想说的是，永远让自己有选择。

你可以选择成为一名科学家，潜心研究，不必在乎世俗的声音或建议；你也可以转换行道，嫁人生子，通过自己曾经积累的知识和经验成为 KOL（意见领袖）或者网红。

我和朋友曾经聊过一个很有趣的话题：亦舒标榜女性独立，是真的享受独立，还是为了钓到更高级的男人？

我们俩默契地笑笑，都觉得也许是后者。

可即便是后者又如何呢？

聪慧的女孩子靠自己的计谋攻城略地，靠学历给自己加码，或者靠独立给自己树立人设，吸引她喜欢的人，得到自己想要的生活，不是也很好吗？那些早早失去了加码或武器的人，只能等待着被选择。

知乎上有个问题叫“你认识的那些女博士都是怎样的？她们毕业都干什么去了？过得好吗？”有一个回答里列举了六个案例，有的进了幼儿机构，有的进了外企，还有的成了网红。除了一位在做博士后，其他的五个女孩儿都脱离了科研圈子。

其中提到的拐点，多多少少都与结婚生子有关。

在寥寥数笔的背后，是各自漫长的选择。

为什么这样说呢？

因为其中的网红博主刚好在我的关注列表里，她现在在做视频博客，经常会发干货文章，还拉着老公一起做自媒体。她写过长文章，和大家一起分享《如何让自己更好更体面地活着》，在里面她讲述了自己在面临科研和生娃两难困境时的想法。

有一位科研老师告诉她，她三十三岁生孩子，之后的五年内没有写出像样的文章，四十岁重新回到工作岗位上，认真投入，现在四十五岁，感觉已经恢复到了原来的状态。

之后这位博主想了很久，最终决定重新调整自己的计划，把一些科研任务放缓，把重心放在孩子身上。

所谓最好的生活，是不被外界所束缚，不被自己的认知所困扰，在某个阶段找好自己想做的事情，专注自己的目标，不动摇。

4.

如果说我有什么一以贯之的价值观的话，那就只有一句，成为更好的自己。

无论是男科学家还是女科学家，无论是男博士还是女博士，在剥离性别之后讨论学历和未来选择这件事，他们都有更多的选择和想法。

“得到”的专栏导师万维刚曾是美国科罗拉多物理系研究员、物理学家，之后他才成功转型为作者，他的博文介绍是：“用理工科的思维理解世界。”

跟中文世界的经管社科类作者相比，科学家背景让万维刚的作品拥有他们缺乏的逻辑性、可靠性。他知道依照什么原则在不熟悉的领域去找可靠的资料，怎样把引用别人的东西和自己的观点严格区分开。

曾经写过《暗时间》的作者刘未鹏，如今在程序员的专业道路上越走越远，那本书也是他八年写博客的积累。

他翻译过一些经典教材，对人类心智很感兴趣，读过很多书，写过一些文章，还给人做过心理咨询，后来又走上了程序员的道路。慢慢地，他博客的更新速度越来越慢。

在这个时代里并没有必须一条路走到黑的选择，更多的是不同路径的自由切换。

我认识的一个朋友去年自学考取了荷兰的博士。在世俗眼中，他早已是男大当婚的年纪，而且履历优秀，可以在北京过得很好，但是他却选择了更难的那条路。没错，他就是上文中我喜欢的那位男生，现在想想自己不断地想要向前，也是因为身边的人越来越优秀，有一道光照亮着自己的缘故吧。

就像颜宁说的，不要盲目遵循世俗给我们的一些标准。很多压力并不是外界给女性的，而是女性群体自己给自己的。

在《万万没想到》中，万维刚提到过竞争。竞争是进化的产物，正是因为竞争，我们才从几千万年前的物种迭代中脱颖而出，成为现代人类的祖先。

但面对竞争时，男性往往比女性有更多的主动性和盲目乐观。

竞争分为有限博弈和无限博弈，有限博弈类似于体育比赛，有明确的结束时间和目标。而日常大部分的活动都是无限博弈，竞争永远都在进行，拼的是持久力。

对于女生来说，无限博弈的持久力反而是我们的优势。

还记得在采访中记者问颜宁："女性的成长有哪些关键点？"

她回答说："女孩子们要更自信，很多时候你们自己比想象中的要更强大。在做选择时，要尽量遵从内心，一定要自己作决定，并能为自己负责。"

如果你想不明白，可以跟很多人去聊，了解更多的层面，但最后一定要自己作决定，这样以后才不会后悔。

女性的意识觉醒需要时间，更需要同类的支持和引导。有的时候看到别人飞得高了，自己也会忍不住抖抖翅膀，向天空最高处扎过去。

好的人生是敢于做最好的自己，不要在乎别人怎么说，要看自己内心想要什么。勇敢一些，不要辜负此生便好。

如何优雅地过好“没钱”的生活

学会自我愉悦，才能更好地选择愉悦的生活。

1.

坦白来说，在二十五岁之前，我过的都是没什么钱的生活。

我在一个所谓的“夕阳”行业工作，比起薪资来说，可能最重要的收获是积累经验。在工作中，我认识了一些作者，看到了更多的人生状态，在文字阅读中了解了亦舒式女郎和精致女孩儿过着什么样的生活。

虽然挣钱不多，但是内心慢慢丰富了，对于何为美好生活，也有了自己的认知和定义。

大概在二十四岁的时候，我才买了人生中的第一个轻奢饰品，施华洛世奇的黑天鹅项链。当我拿到这款项链时，内心想的是，真好，不必再总是想着省钱了，不必再总是等着打折了，拿着钱去买自己想买的东西，真的是成长带给我的最好的事。

其实它并不会给我的生活带来多大实质性的改变，但内心那点底气和愉悦，是实实在在的改变。包包也是，虽然从买包的体验中能获得一点虚荣，但更多的是自己能配得上更好生活的信心。

我的朋友美亚说，她每年都会给自己买一件金器作为岁月压金，今年她买了一副顺眼的耳坠，一言以蔽之，这是无惧年岁的强大。

我那时候想买一个包，向她请教，她直接说："LV Neverfull 那款就很不错啊，结实又好用，快去买吧，你会享受这种感觉的。"

当时我对一线大牌的包还不知根知底，也没有说买就买的能力。我第一款入手的充满了愉悦感的包包是 MK 的经典款，皮质硬挺，但风格活泼又大方，背着它去上班，整个人的心情都莫名地好了起来。

但是 Neverfull 这款包早就放在了我的梦想清单里，它是我一定会买给自己的心愿礼物。

想起之前在看到我同事背着香奈儿的 LeBoy 来上班时，我特别惊讶地对她说："我好喜欢你这个包包，这款三万多欸。"听起来好像美好的不仅仅是包包，还有价格。

但小姑娘一脸淡然地说："啊，三万多吗？我不知道哎，我顺手从我妈那里拿的。"你看，自小在妈妈的熏陶下见识过名牌包的女孩儿，遇到男孩子们献殷勤，才不会轻易被感动呢，这是成长环境和身边人赋予她的底气。

另一个同事在旁边打趣，说她妈妈超喜欢买包，从年轻的时候就开始买包了。我们三个聊着天，小女生的话题总是落到实处，关于包包、化妆品和口红，那不仅仅是一种生活，更是对美好生活的期待。

黄佟佟在新书《我必亲手重建我的生活》中写道：为什么要不停地去看好的东西？是为了见识当你见惯了好东西，那些不太好的东西你看一眼就知道，装腔作势的东西绝对入不了你的法眼。所以千金难买的只有两个字，那就是见识。

不知道你有没有注意过，那些待人接物得体，让人如沐春风，让人感到恰如其分的朋友，大多都享受过多年较高品质生活的历练，他知道怎么做才是最好的。

就像有一次我们聊到粉底液，对面的男同事也插话进来说：“我听说阿玛尼的大师粉底液特别厉害。”

当然了，直男根本不懂这个所谓的厉害有什么真谛，我们便笑着跟他一边科普卡粉、浮粉，一边聊着护肤的一些小确幸。

我接话说：“我刚好买了一款阿玛尼的大师粉底液，搭配阿玛尼的粉饼用，简直太美好了。”

我还畏畏缩缩地跟同事姐姐说：“不过这个真的好贵啊，有点浪费。”

她却严肃地告诉我：“宝贝，你不能这么想，这个不是浪费，是投资。你想想你每天把自己收拾得美美的，这不就是你努力工作最好的回馈吗？”

在紧张的工作节奏之外，其实浮动着无数个这样的时刻，我们交换着美好生活的模样，我们在追求美好事物的同时更加坚定了让自己变得更好的信心。

2.

去参加黄佟佟的新书《我必亲手重建我的生活》分享会时，我抽空拿着这本书看，其中她写了一个女性如何发现美，如何靠自我重塑自己的审美，如何靠自己的力量活得风生水起。

她说采访李健时，听到过一个评价，“我们七零后这代人是没有审美的”。

对于当时的他们来说，生存是第一位的，佟佟笑着说：“在我们那个年代，养了母鸡要生蛋，狗是看家护院的，猫就是来抓老鼠的。”一切都是以实用为主，没有什么审美可言。当你连生活都解决不了的时候，哪有什么闲情逸致来照顾自己的内心？

后来因为做杂志和时尚编辑的缘故，佟佟说，自己多了很多去看美好生活的机会，她们去南洋富豪的家中采访，墙上挂着的画是徐悲鸿的原迹。

爱自己的第一步，就是学会爱一切美的东西。

她写灯，灯是人间的第二个月亮；她谈买画，是世界以艺术爱你；她谈房子，说每个女人都有自己梦想中的房子，它带给女性的最大愉悦是，无论置身于何种境地，都能平静地站起来，把下巴高高翘起。是的，我将亲手为自己建造一座宫殿，无论多难，我必将亲手重建我的生活。

3.

要优雅地讨生活，除了外在的装饰，最重要的是要有一颗强大的内心。

佟佟在分享中提到，女性最大的问题就是，天生有一种依赖性，太想被别人认可。但是你要从内心意识到一个问题，你只能依靠你自己，不要把希望放在任何人身上。

我想起陶瓷兔子在给我的新书序里面写到的一句，要成为自己的光。

她写道：

我见过很多人，他们像是根火柴，汲汲于靠近资源更强，上进心更足，野心更大的人，像是月亮靠近太阳，因为离得足够近，也能沾取一丝光亮。他们的口头禅是“你要去上自习我也去，你要不去我就在宿舍睡觉”或者“你去健身的时候，我也会跟着跑跑步”。

可是我们不能这样。我们虽不起眼，但始终不要忘记自己也是一点微光。

如果还没有找到太阳，那就要成为自己的光。

在分享中佟佟还谈到了，对于工作和生活的平衡，平衡只是一句骗人的话，但凡跟你说这句话的人，都是为了压榨你的剩余价值。不要好强，不要完美，不要过分透支自己。人生在世，没有平衡，只有取舍。

在签售的时候，我请佟佟老师帮我写了一个 TO 签：“要成为自己的光，未来可期。”

我从北六环赶过来，差不多要花一个半小时的时间，一个半小时，足以看一档综艺节目，睡一个慵懒的午觉，或者看两集电视剧。

可是花时间去见一个美好的人，本身就是美好生活的重要步骤之一。

当你问自己“我怎么还没过上自己想要的生活”时，多想一想，你决心为这样的生活付出时间、精力和金钱了吗？学会自我愉悦，才能更好地选择愉悦的生活。

这并不取决于你有没有钱，而是看你如何培养你的见识，如何坚定地选择你要走的路。

爱与成长，至死方休。

长得不好看，人生还有戏吗？

明日的失望也好，狂喜也罢，如果你能坦然视之，就能心无旁骛地感受当下的美好。

1.

最近有一档叫《和陌生人说话》的节目，我在微博上看完了整个采访的过程，其中有一段是这样的。

“平凡和样貌是挂钩的吗？”一个女孩儿问。

一个叫吴晓辰女孩儿说：“对，我觉得是。这个世界就是很残酷的，根本就没有丑小鸭和王子的童话。”

她觉得自己不美，曾经还因为长相被人指摘、嫌弃过。于是她开始整容，整容二十多次，花了四百多万，中途还遭遇过手术失败，走在路上的时候脸上出血，但最终还是整成了一个精致的美女模样。

朋友们都称呼她为“一个行走的人民币”，整张脸价值一栋楼。

对面的天然美女，被称为知乎女神的王诺诺问道：“我们追求的美，是为了让自己变得好看，还是更符合别人或者男人的期望呢？追求一种极致的人造美，是不是意味着我们向这个世界低头了呢？”

我知道她所表达的是，好看是不能让你的人生更精彩的，反而有很多平凡的女孩儿，因为过得精彩而在别人眼中变得特别。

但这种所谓的精彩是一种不确定的东西，比起先入为主的外貌吸引力，内在美是往后排的。

“谁不喜欢漂亮的女生呢？”这个曾经不美的女孩子反问。

这段辩论让我想起一句话，颜值即是正义。

与其说这是一场关于“这个世界是不是看脸”“女生是不是只有漂亮才能有前途”的讨论，不如看作是女性关于自我接纳和自我认同的探讨。

在整个过程中，吴晓辰的讲述都非常的有逻辑。第一，我不否认美貌能带给女生红利；第二，我整容失败过，但我不后悔，只要去正规的医院就好了；第三，整容很痛，我整容就是图开心，我觉得整容对我好，整完我会更快乐。

整容美女之所以能得到一边倒的赞赏和支持，除了她那张精致的脸，更因为她的高情商和在对谈中得体的表现。网友们说她得体自如、舒展、有涵养，她表达着对不同价值观的包容和理解，然后又坚定地选择了自己想走的那条路。

除了两个人的对谈外，还有路人的采访。一个坚定地认可自己的容貌，另外一个则很在意别人对自己外貌的评价，说很讨厌可爱这个词，因为这是对不漂亮女孩儿的另一种称呼。

其中有个整容女孩儿问另一个女孩儿："如果有一个给你免费割双眼皮的机会，你会去做吗？"

女孩自信地笑着说："不会去，因为我很认可自己的长相，我觉得自己的长相特别完美。"

我不在意别人，我特别在意我自己，这大概是一句非常能告慰我们这些不漂亮女孩儿的一句话。

2.

前几天我在公众号后台收到一个私信，有个女生说："姐姐，我最近太糟糕了，我一直在脱发，甚至连正常的发量都没有，而且我特别瘦，特别瘦。为什么我连做一个健康活泼的普通女孩儿都这么难呢？"

我看到这个问题的时候，突然很想抱一抱屏幕那头的姑娘。因为我觉得我看到了十年前的自己。当年的我也在上高中，而我苦恼的问题不是瘦而是胖，甚至在高二那年，我胖到了一百二十六斤。

我太自卑了，走在路上的时候都低着头，总担心别人会在背后议论我有多胖，也不敢跟喜欢的男孩子说话。因为自卑，我变得敏感易怒。

我也是一个从小到大谈不上美的女孩子，眼距宽，塌鼻子，个子也小，还是易胖体质，过了十六岁之后体重就没下过一百斤。

我不知道未来的出路在哪里，没有人喜欢我，也没有人相信我的未来有什么光芒。对于十几岁的自己来说，好像往哪个方向跑都找不到出路。可是停在原地就是在倒退，失去了最宝贵的时间，又得不到更多的勇气和信心。

一个一无所有，不够好看的女孩儿，最大的挑战不是发现这个世界的不公平，而是在发现这个世界不够公平的时候，还能不能带着一丝恐惧前行，去寻找属于自己的微弱光芒。

值得庆幸的是，我找到了属于我自己的路。我学着去健身、去游泳、去旅行。我在写作中得到快乐，我在阅读中找到自我，我在跟朋友的交流中发现自己的优势与缺陷。

最终我成了一个勇于探索，发掘更多可能性，并且敢于接纳自己不够好，不够美的人，这也是我迄今为止得到的最好的礼物。

在私信的最后，读者问我：“是不是每个人都有缺点？”

我说：“是的。每个人都有自己不够完美的地方，但这并不会变成你不被自己爱，不被别人爱的借口。正是因为那样或这样的不完美，才有我们日复一日的奋斗和修行。”

3.

长得不好看，人生还有戏吗？

有戏，而且会很精彩。

有因为美而备受关注和仰望的人生，但也有因为不美而默默努力的人生。因为没有得到关注而更加关注自我；因为没有得到赞赏而去发展自己的实力；因为没有得到别人的喜欢而懂得自我欣赏和接纳。

不美，但有力量。

不因为好看而被别人侧目，但因自我的精彩而让别人有了那么一点好奇心。

并不是每个平凡女孩儿都能穿上水晶鞋找到王子，华丽翻牌。你手里拿着的牌，只要你能够不气馁、不焦躁地打完，不提前下场，就永远有翻牌的机会。

我曾经看过一篇文章《假若玫瑰不美》，讲的是有一个女孩儿叫玫瑰，却长得不美，很多人在见到她的时候，多多少少总会有些失望。但是玫瑰并不介意，她说："至少别人在见到我之前的那段时间，认为我是个大美女呀。"

她用足够的乐观，以对抗不美带给她的怀疑和忽略。她活在当下，哪怕当下不美、不值得炫耀，抑或令人难堪，她都坦然面对，从容处理。她是真正从自我中得到底气的女孩儿，赞美或是嘲讽，都改变不了她的风格。美也好，丑也好，胜也好，败也好，她不为你而来，也不随你摇摆。

作者在文章的最后说：

明日的失望也好，狂喜也罢，如果能够坦然视之，就能心无旁骛地感受当下的美好。

如果一朵玫瑰不美，从远处看到的娇艳，到近处看到的瑕疵，再到令你驻足的清香，最后留在你记忆中的，是它独自开放在阳光下的样子。

只有你所感受到的，才能属于你，留在你心中。漫长的人生路上，也唯有你自己，才能成为平淡岁月里的星辰。

先把自己活优秀了再说别的

人人一生只配给得一具皮囊，与之厮混纠缠数十年，躯壳遭到破坏，再伶俐的精魂也得随它而去，不能单独生存，看穿了这一点，不自爱是不行的。——亦舒

1.

在微博上看到一个很有趣的话题，拿过来跟大家讨论一下：

女人恋爱中的情感问题，通常有以下几个：

①女生被段位高的男生追过之后，被分手的情绪问题。

②女生和条件相当的男生日常相处问题。

③追求者看不上，看上的男生够不到的自身价值问题。

④喜欢上已婚男人，但无法有结果的现实问题。

⑤年龄已大，结婚对象都不够满意的问题。

⑥把心仪男友“作”跑后的挽回问题。

⑦想谈恋爱又懒得追和接受被追的矛盾心理问题。

不妨先说说看，你自己遇到的问题是哪几项呢？

无论是情绪价值还是能力价值，我们在选择恋爱对象时都是趋利避害的，这是人类的本能。但归根结底，这些困扰我们的问题都有一个大方向的解决方法，那就是，成为更好的自己。

可是我已经二十五岁了。

可是等你三十岁再提升自己不是更难吗？

可是生活太辛苦了。

可是当别人都在往前走的时候，你停留在原地就相当于在退步，不是吗？

可是就算不优秀不是也能遇到喜欢自己的人吗？

可你不就是因为看不上那些人，才觉得纠结吗？为何不向前走一步，变得更优秀一些，再遇到你想嫁的人呢？

可是……道理我都懂，我就是办不到呀！

正是因为大多数人办不到又在抱怨，所以获得幸福的才是少数人。

你看，你能假设的问题，我都能回答出来。可是选择权在你手里，你依旧会选择逃避，等待一个廉价的解决方案。比如去恋爱，比如去降低自己的生活品质。

把人生遇见的所有问题合并同类项的话，大概分为三种，自己的事、别人的事、还有上天的事。

你能把握的、决定的、进阶的，就是自己的事。

2.

前几天去安贞吃饭的时候，我在商场里看到一场熙熙攘攘的活动，走近一看才发现是王潇的新书《时间看得见》签售会，人一层叠着一层，差不多有三百多人，后来跟相关的负责人聊，才知道报名的有一千二百多人。

我从远方赶来，为了见你，不顾一切，在这个夏天显得格外感动。

因为你是我们的精神支柱，是我们在笔记本里写下的终有一天想成为的人，所以再远也想来见你，想跟你说一声谢谢，想把我因你而聚拢的光辉指给你看。

我想这就是优秀的意义吧，成为自己的领路人，同时也成为别人航行海面上的灯塔。

我买过她的《以自己的意愿过一生》，在文章中我看到了她坚持自律得来的美，看她如何对小马驹一样健壮的身材产生了兴趣，又是如何日复一日地坚持与克制，最终成为了自己想要成为的人。

她曾在她的专访中说道，自己工作后又去重读了研究生，在那段日子里，她走在校园里想的是自己比他们大三岁，内心也很焦虑，常常感慨：自己这三年是虚掷了吗？自己的决策是对的吗？自己读研的这几年是否可以用时间赶上来？

但是让我最敬佩的是，即便是带着大大小小的疑问，她也没有停下脚步。最让人敬佩的女性，并不仅仅是优秀，而是持续优秀。

3.

先把自己活优秀了。对此我有几点总结：

第一，选择对的路比选择对的人更重要。

给自己一个更宏观的选择，在对的路上总有能与之同行的人。潇洒姐也不是因为选择了叶先生，才有了婚姻美满的生活，而是在她选择让自己有力量的时候，在这条道路上遇见了良人。

第二，被人理解是自己的荣幸，而不是别人的责任。

要对理解报以感激，而非对不理解表达抱怨。活到这个年纪，大家都忙着柴米油盐，忙着房贷工作，没办法第一时间理解你，也没办法完全理解你内心的真正渴求，能被告慰是难得的。

第三，学会消化自己的情绪，不要强化自己的焦虑。

你可以有不如意的时刻，也可以有绝望的瞬间，但你内心应当明白，这些都是暂时的。你能够依靠自己的力量站起来，不要把这些情绪包裹成焦虑暗示自己生活不易，然后被生活之流裹挟着失去自信。

第四，永远对自己的身体和灵魂负责。

潇洒姐说过一句名言："要么旅行，要么读书，身体和灵魂，总有一个要在路上。"她几乎十年如一日地践行着这句话，所以才有了无数以她为榜样的拥趸。

不要在乎一时的得失。

"时间看得见"这五个字，是一种信念，是对时间的耐心，和对自己的自信。

在我焦虑自我和未来的时候，有个朋友对我说了这样一段话："把你当下的困难放到五年后看，你觉得它还算是过不去的坎儿吗？把你五年前的焦虑放到现在看，你觉得它对你还是一道难题吗？"

于是我突然领悟了，不只是我的问题，还有时间的问题。只要我持续努力，那么我所想要的期待的，都能在时间的长河中慢慢得到。

亦舒说过："人人一生只配给得一具皮囊，与之厮混纠缠数十年，躯壳遭到破坏，再伶俐的精魂也得随它而去，不能单独生存，看穿了这一点，不自爱是不行的。"

不要为你昂贵的人生寻求什么廉价的解决方案了，先把自己变优秀了，再说别的。

你的改变，时间看得见。

我们并不总是坚强，也并不一味地软弱

庸俗的生活是很多女性必须面对的牢笼，里面有着无数个“你必须如何去做”和“你最好不要去做”的条条框框。束缚我们的并非我们本身，而是这些传统意识。

我看的第一部梅丽尔·斯特里普的电影，不是名声在外的《穿普拉达的女王》，而是一部漫长的非洲题材电影《走出非洲》。

梅姨在这部电影里饰演的是一个爱慕虚荣的富家女凯伦，她因为想当男爵夫人而远嫁到了东非。然而她的丈夫并不爱她，相反还经常在外面寻欢作乐，以至于让她也染上了梅毒，后来她治好了病，就与丈夫离了婚。

她热爱非洲这片土地。“在非洲的贡嘎 (Ngong Hills) 山脚下，我曾经有一个农场。”这是电影一开始的独白，苍老而优雅的女声里透

着与生活贴身肉搏过的痕迹。

她投入所有的积蓄办了一个咖啡园，想要缓解与黑奴之间的矛盾，辛勤劳作了三年，在收获咖啡豆的时候，一场大火夺走了一切。

而爱情呢？离婚后她爱上了潇洒的丹尼斯，他们互相欣赏，互相理解，享受跟对方在一起的快乐。但是她的情人热爱自由胜过一切，他带她在蓝天上翱翔，俯瞰广袤的非洲大地，辽阔的草原上长颈鹿、斑马成群跑，成百上千的红翅鸟同时起飞于碧湖水上。

他说："我开始理解你的世界了，等我回来，我星期五就回来。"可她等到的却是他坠机而亡的消息。这个决定放弃自己无比热爱的自由，准备给她爱情和婚姻的男人，最终因为意外而消失在了她的生命里。

这是我大学时看过的电影，这个故事里的女主角并不完美，也并不幸福。她爱慕虚荣、有野心、有欲望，但是她又坚韧，接受自己所得到的一切，在破碎的生活中一次次地重生，生命力无限。

最后她失去了一切，土地、庄园、丈夫、情人，但是她却实现了她的梦想，也赢得了男人们的尊重。在离开非洲前，那个只允许男士加入的俱乐部成员邀请她去喝酒，在侍者惊愕的表情下，在场的所有男士都起身为她举杯。

她孑然一身返回了欧洲，哪怕两手空空，但她也已经触摸过了所有。

有人说，这是一部女性觉醒的电影，能让女性意识到自己并非等同于东西或男人，你自身的才智、能力、作为，才是你的价值。

而我所感知的，是梅姨领衔主演的一系列女性独立电影，她本人与电影角色交叠辉映，带着我这个初出茅庐的女孩儿一步步地去看这个宏大的世界。

如今她在好莱坞是没人敢惹的女人，是奥斯卡的常客，是敢在公开场合批评总统的明星。她拿了金球奖终身成就奖，发表获奖感言时，她说了一句名言："把你的心碎变成艺术。"

有失必有得，人生中所有的艰难时刻都暗暗散发着光芒，你是否能够往深渊伸手，打捞起你人生中的另一种可能，让令人心碎的故事变得动人呢?

我还看过一部女性电影叫《时时刻刻》，梅姨也出演了，还有美艳动人的妮可·基德曼。

电影讲述的是处于三个不同时代的女性，他们都渴望追求有意义的生活，却被各自的胆怯和外界因素所干扰。唯一支撑她们的是，面对这个庸俗的生活，要去寻找做自己的途径。

贯穿整部电影的是艾德琳·弗吉尼亚·伍尔芙和她的小说《达洛维夫人》。或许每一个现代写作的女性都无法绕过伍尔芙。她在已发表的文章《一间自己的房间》中就说了，女人必须有经济能力和一间属于她自己的写作房间。

"达洛维夫人说她自己去买花。"这是小说的第一句，也是《时时刻刻》这部电影中三个女性不同命运的暗示。

伍尔芙夫人的花是佣人给买的，劳拉的花是丈夫给买的，只有梅姨饰演的生活在二零零零年的职业女性克拉丽萨是自己买的花。

在达洛维夫人所处的那个年代，主妇是不能独自上街的。买花、买菜、买牛肉，都是仆人去做。赚钱、旅行、做生意，那是老公的事。女主人最好的状态是，待在“家”这个金丝笼里一动不动。

在现实生活中，伍尔芙想独自出门，女仆们都害怕地说：“求求您，请一定让我陪着您。”

所以，“买花”可以当作女性精神上的一次自主独立与解放，即女性有自主的权利选择做自己愿意做的事情。

庸俗的生活是很多女性必须面对的牢笼，里面有着无数个“你必须如何去做”和“你最好不要去做”的条条框框。所以束缚我们的并非我们本身，而是这些传统意识。

仅就“自己去买花”这件事，女性的抗争就经历了漫长的时间。这件在现在来说微不足道的小事，在当时却是一件惊天动地的大事。重要的不是结果如何，而是面对这样的困境，你会如何选择，会勇敢追求自我但被别人指摘，还是通过逃避而寻求内心的安宁？

二十世纪初，当伍尔夫能跟一群绅士们在伦敦国王学院讨论文学时，张爱玲和苏青这些觉醒的女性，开始谈论女性的爱情和婚姻。无论张爱玲的观点是微弱的女性觉醒，还是仍在揭露旧时女性的依附意识。我觉得她有一点说得是很对的，女性一定要有钱。

握住钱，才能握得住自由和尊严。

没有坚实的经济支撑，所有的梦想不过都是一场梦而已。张爱玲颇为赞同鲁迅的观点：梦是好的，钱是要紧的。

张爱玲说："用别人的钱，即使是父母的遗产，也不如用自己赚来的钱自在，起码良心上非常痛快。"

她不仅称自己是拜金主义，还喜欢用钱来考验男人。胡兰成给她零用钱，她觉得开心，她说："爱他就花他的钱，爱一个男人爱到能问他要零用钱的程度，那是严格的实验。"

因为有钱，胡兰成在外面拈花惹草的时候，她有底气提出分手，并且还附上了三十万元的稿费。

张爱玲说："凡男人所有的并不都是好的；凡男人所能享受的，女人也并不一定感到受用，这个观念需弄得清楚。幸福乃是满足自身需要之谓，不是削足适履，把人家所适用的东西硬来满足自己不尽相同的需求。假如你这样做，那只能显出你的嫉妒、浅薄与可怜，距成功之域尚远。"

张爱玲的后辈，另一位女作家亦舒说过："作为女性，先要争取经济独立，然后才有资格谈到应该争取什么。十五至二十五岁，争取读书及旅游机会；二十五到三十五，努力工作，继续进修，组织家庭，开始储蓄；三十五岁后，将工作变成事业，加倍争取学习，一定要拥有若干资产防身。"

《人物》曾经做过一个专访，叫《自由从何而来》，请到的嘉宾是柴静和刘瑜。

这两位都是我向往的女性，一个从细节处寻找真相，不停追问，不停思考。一个是哥大的博士，对生活举重若轻，能用幽默风趣来聊民主。

我知道柴静的时候，她还没有出版《看见》，她的第一本书叫《用我一辈子去忘记》。她选择的一直都是并不省力的生活，她在湖南电台做《夜色温柔》，骑着自行车在大雪夜返回住处。再到后来非典期间，她成功报道非典，也因《北京“非典”狙击战》等专题节目，成为著名的非典前线女记者。

在她的《看见》中，她曾经提到过自由的意义，还引用了胡适的一段话：

你们要争独立。不要总在争自由。自由是外界给你的，给你自由你不独立仍然是奴隶。

你要把你身上蒙蔽你的概念和成见，一点儿一点儿像剥笋一样，一层一层剥开，露出它里头很鲜嫩很青的那个劲儿。如果不试图去抵达，那独立两个字中的内涵，就不足以匹配生活从你身上流过和发生的事情。如果你不出发，那你就难以抵达。

有几个朋友跟我说，比起柴静，她们更喜欢刘瑜。

刘瑜整个人都让人觉得开阔，再沉重的事她都能笑着讲出来。

她写过检验两个人友谊的标准，就是看两个人能不能凑在一起说别人坏话；她说人妖适应孤独，就像适应一种残疾；她说爱情是庸人的避难所。

“爱情成了庸人的避难所，于是爱情作为一种劳动密集型产品被大量地生产出来。说到底，一个人要改变自己太难，改变别人更难，剩下的容易改变的只是自己和别人的关系。在一起，分手，和好，再分手，第三者，第四者……啊，枝繁叶茂的爱情，是一个可忽略可被替代可被抹去而不被察觉的存在，看上去几乎像是生活。”

爱情是两个灵魂的惺惺相惜，还是两个自卑而平庸的个体抱团取暖？刘瑜却坦荡地说：“自我是一个深渊，它如此庞大，爱情不可填补。”

她所写的和所说的往往揭穿了你生活中一味掩饰的地方，能让你在洞悉这一切的时候觉得“哦，好像是这么回事”。不是指责，而是一种袒露，这让人更容易接纳批评。

她的确有这种能力，走到生活的背面，毫不留情地掀翻“皇帝的新衣”，轻轻巧巧地让你接受更贴近自我的生活。她不说道理，不告诉你“你只有非常努力才能看起来毫不费力”，也不说“生活的真相”。

按她自己的话来说：“要去实践这样的人生态度，不被审视的人生不值得度过。”

最后，我想说说我自己。

我至今还没成为我所喜欢的以上这些女性。

不妥协、不气馁、爱自由，一个人活成一支队伍。哪怕遭遇了人生的苦难，也能喝一口酒，明天继续爬起来像超人一样去战斗。

身为女性，我并不总是坚强，也并不一味地软弱。我会焦虑，会在十字路口不知所措，会怕黑，寂寞了想爱人，面对山高路远，也想停在路边休息。

但重要的是，我没有放弃为我自己想要拥有的生活而努力。它很难，但我还打算试一试。

或许从来就没有“愿你出走半生，归来仍是少年”这一回事，我们的成长是必然的，我们的失去也是必然的。但正是我们的失去才让我们的成长和获得变得更珍贵了。

我也从来不觉得这几位我所向往的女性活得最成功，我只是想写出来跟你们分享一下，人生还有不同的路，未来也有无限的可能。

别让你的期待停留在十几岁或者二十几岁，也别总觉得因为我们是女生，就会失去很多。

终有一天，你会比你想象中走得更远。

后记

二十岁后，你要活成自己的故乡

在过去二十六年的成长生涯里，我一直觉得自己是个漂泊着的人。我对这些年的一个总结是：二十几岁，定不下来。

二十二岁的时候，我刚大学毕业一年，准备一个人去北京。当时我妈妈对我说："闺女，你回来考个教师资格证当老师吧，每年有寒暑假，吃住都在家里，多方便。"

我说："不，妈妈，我不想回家，也不想当老师。"

我妈问："那你想做什么？"

我说："我不知道想做什么，但是我知道我不想做什么。我不想回老家过一眼就能看到头的生活。"

我妈又说："可是家里有妈妈啊！"

"那妈妈可以给我点儿生活费吗？"

“祝你在北京一切顺利。”

在北京的生活是这样的：我每天从东五环坐地铁到北四环需要两个小时，所以我必须在八点之前到达传媒大学的地铁站准备出发，然后我像一条沙丁鱼一样被揉进人群里，被人流推着从通州线换乘一号线，再换乘五号线。

就这样，我在北京待了三年半，做着新闻里所说的“空巢青年”。

有很多朋友问我爱北京吗？我说我不爱北京，北京也不爱我，但我们就是互相成全了。

从十七岁离开家到今天，已经整整九年了，我从邯郸到廊坊上学，再从北漂变成杭漂，我好像一直都处于“漂泊”的状态。

我热爱北京，热爱北京里的无限可能和成功逆袭的故事，也热爱胡同里藏匿的酒馆和美食小店，我热爱北京那种汲汲营营的功利心和大家都想要找到星辰大海的拼命感，我也热爱每个人都可以在这个城市袒露自己的梦想和欲望，不用担心会被他人嘲笑的畅快感。

同样，我也热爱杭州，我喜欢这里有一个完全开放的西湖，无论你什么时候来到这里，它都能给你带来心旷神怡的抚慰感。我喜欢这里的马路上汽车永远为你让路，我喜欢室友每个周末都会说“哎呀，喝喝酒看看电影约约会好好生活的啦”那种工作之外的松弛感。

我觉得我身体的某个部分留在了北京，但它们又好像跟着我一起来到了杭州。杭州这个城市也在我身上种下了一些新的东西。人在年轻的时候常常会踮起脚尖四处张望，以至于总是不断地跟外部环境交换自己，增加新的生命力和想象力。

这本书有温暖的态度，也有袒露自己迷茫和困惑的脆弱。

人生是在不断被碾压中萃取自我的过程，就像我们在小学就学会的那个成语——破茧成蝶。在课本上你根本想象不出来“破茧”是怎样的过程，但在生活中，你会真切地感受到一切不可知的艰难。我曾遭遇过阴天暴雨、无理由地被冷落、电脑忽然死机、独自一人在平安夜的晚上去找新的住处、在月租六百块钱没有自来水的农民房里烧水洗脸……

我不知道有没有不崩溃的捷径。

我不知道明年夏天还会不会有这样糟糕的天气和暴风雨。

可我知道的是，时光无法重现，艰难和迷茫总会发生的，你抱怨也没有用，指责也不会有结果，唯一的办法就是闯过去。

成年人的崩溃，是从决定重新开始学习的那一刻被治愈的。

尚龙哥曾经跟我说过一句话：“作为一名作者，你要做的是传递自己身上的能量，你要让别人看到未来是值得期待的。”

如果压力只是压力，那么等待你的只有不堪一击的生活，要知道，压力只有变成动力之后生活才会见好。你努力工作、生活，不仅仅是为了满足自己，更是为了把自己活成一个模板，让你身边的人看到努力生活和得到回馈的真实性。

这是我写作生涯中的第二本书，我能给予的，是一个二十六岁小镇青年的成长指南。

不狗血，不鸡汤，不梦幻。

摩羯座的属性就是脚踏实地，在一次次的崩溃后捡起自己手边的狗尾巴草，把它编织成一只小狗或小猫，讨自己的欢心，也让周围的人得到一些快乐。

如果你夜里辗转难眠，想明天醒来就去尝试做自己想做的事，那你可以打开它看看。如果你正处于人生的至暗时刻，需要一些告慰的温暖，那你可以在这里找到光亮和希望。如果你刚刚毕业，不知道如何从零开始去工作，去赚钱，去找到自己的广阔天地，那么它也可以带给你一些小小的启发。

是的，日子虽然很艰难，但只要想越过越好，就总会有办法。

我希望我一直都能这样，能够去安慰别人，给别人希望，让别人拥有一些力量。不是因为我真的比别人更强大，而是因为在这个夏天，我发现人生就是不断地重复之前的困境和迷茫，在反复的跌倒中寻找出路。

当你决心向前走的时候，你不过是在重复之前遇到的困难，或者是困难的升级版本，然而当你面对的困难越来越多之后，你就会懂得该如何靠信念重建自己的生活。

我不相信逆袭的神话，我所相信的是，今天比昨天更好，是你昨天努力的结果。

坚定地、热烈地、勇敢地去爱，去生活！

七天路过

二零一九年八月

于杭州